Giorgio Milazzo

Le sabbie esauste di fonderia
e gli inerti da demolizione

Una ricerca italiana sulle nuove opportunità per
le fondazioni stradali offerte da miscele
cementizie realizzate con
materiali non tradizionali.

Prima Edizione: Agosto 2008

Progetto grafico e impaginazione:
Giorgio Milazzo

Edizioni e stampa:
Lulu.com

ISBN: 978-1-4092-2714-4

Indice

1. Premessa

Questo testo da me proposto risulta essere la fine di un percorso iniziato come tesista e tirocinante presso il Laboratorio Sperimentale Stradale dell'Università di Padova, dove mi è stata data l'opportunità di studiare le caratteristiche prestazionali di un materiale non tradizionale per un possibile utilizzo in campo stradale.

I materiali utilizzati nella sperimentazione risultano essere dei prodotti normalmente considerati di scarto. Quindi il lavoro eseguito si può inquadrare all'interno del riciclaggio di tali materiali, un problema questo che risulta essere sempre più pressante negli ultimi anni e perciò di grande interesse.

La ricerca di soluzioni che comportino il riutilizzo di materiali marginali risulta fondamentale dal punto di vista della salvaguardia ambientale e sicuramente porta ad indubbi vantaggi economici. La consapevolezza negli ultimi decenni della necessità di diminuire la quantità di materiali depositati in discarica e lo sfruttamento dei prodotti naturali non rinnovabili ha reso necessario attivare una ricerca in questo campo.

I materiali di scarto utilizzati sono stati quindi sabbie esauste di fonderia e C&D (inerte da costruzione e demolizione). Le sabbie esauste di fonderia sono residui dell'industria siderurgica mentre il C&D è un materiale di scarto del settore edilizio. Essi sono stati utilizzati per creare una miscela cementizia: ne è risultata una miscela per sua natura molto eterogenea, la cui variabilità ha posto alcune problematiche concernenti la preparazione dei provini e l'esecuzione delle varie prove.

In questa sede quindi si è affrontato, tramite l'esecuzione di prove sperimentali di laboratorio e il confronto con sperimentazioni precedenti, lo studio di un possibile utilizzo di questa miscela come materiale per fondazioni stradali.

Giorgio Milazzo

2. Inquadramento legislativo sul recupero rifiuti

2.1 Linee generali della normativa comunitaria

A partire dalla metà degli anni '70, con la direttiva 75/442 CEE e le successive 78/319 CEE, 84/631 CEE, 91/156 CEE e 90/639 CEE, la Comunità Europea ha avviato un programma finalizzato alla gestione dei rifiuti. Dal 1992 all'interno di tale politica generale, che ha tra i suoi principali obiettivi l'incremento della prevenzione e della riduzione dei rifiuti attraverso lo sviluppo di tecnologie pulite, nonché l'introduzione sul mercato di prodotti riutilizzati o riciclati, il problema dei rifiuti da costruzione e demolizione assume sugli altri una certa rilevanza. Gli scarti del processo edilizio vengono così inclusi tra i flussi di rifiuti considerati prioritari (in quanto particolarmente importanti per i quantitativi prodotti, per la loro rilevanza ambientale o per alcune caratteristiche che ne rendono peculiare la gestione) e viene istituito, per il loro studio, uno specifico gruppo di lavoro, Construction and Demolition Waste Project Group. I rifiuti da costruzione e demolizione presentano infatti problemi di gestione, non tanto per la presenza di sostanze pericolose (quali asbesto, cromo, cadmio, zinco, piombo, mercurio), che sono presenti in quantità molto limitate, ma piuttosto per i quantitativi prodotti. Il Construction and Demolition Waste Project Group è composto da rappresentanti degli stati membri, delle associazioni operanti nel settore (imprenditori, ordini professionali, smaltitori, movimenti ambientalisti, enti locali, ecc.) e da esperti. Lo scopo di tale gruppo di lavoro è stato quello di elaborare una strategia che potesse approdare ad uno strumento normativo da proporre all'approvazione del Consiglio. Il gruppo dedicato ai rifiuti da costruzione e demolizione ha concretizzato i suoi lavori (finiti nel giugno 1995) in due documenti, il documento *"Informazione"* e il documento *"Raccomandazioni"*. Il documento *"Informazione"* fornisce un quadro completo della situazione attuale in materia di rifiuti da costruzione e demolizione ed è suddiviso in quattro capitoli:

- legislazione e definizioni;
- informazioni statistiche;
- trattamento, recupero e riciclo;
- progetti e studi.

Il documento *"Raccomandazioni"*, invece, partendo dalle proposte formulate nel lavoro di gruppo, suggerisce una serie di provvedimenti e di azioni che, se fatte proprie dai vari Paesi, potrebbero portare ad un notevole sviluppo del riciclo dei rifiuti da costruzione e demolizione. La strategia proposta tocca i seguenti punti:

- **prevenzione**: oltre ad azioni di educazione/informazione, prevede lo sviluppo di una progettazione dei materiali volta al riutilizzo e alla riduzione dei rifiuti, unitamente alla produzione di materiali a basso impatto ambientale.
- **separazione**: prevede la diffusione della demolizione selettiva orientata al recupero dei materiali, l'incoraggiamento del riciclaggio e/o la disincentivazione dello smaltimento in discarica.
- **trattamento**: propone di introdurre un sistema di permessi e licenze rilasciati alle imprese che intervengono nelle attività connesse con la produzione di rifiuti di costruzione e demolizione. Tale sistema dovrebbe garantire che l'impresa qualificata, nel richiedere il permesso, sia tenuta ad indicare la quantità dei rifiuti che pensa di generare, le misure che intende adottare per trattare i rifiuti e il destino che essi seguiranno.
- **mercato**: si può sviluppare, ad esempio, se la Pubblica Amministrazione esercita un ruolo esemplare nella sua veste di committente di opere pubbliche.

I due documenti non hanno alcun valore legislativo, ma rappresentano un valido supporto tecnico-conoscitivo utile alla stesura di una normativa che regolamenti in maniera idonea il settore dei rifiuti da costruzione e demolizione e dia un significativo impulso al riciclo degli stessi. La strategia comunitaria, ed i risultati delle ricerche condotte, hanno sensibilizzato i Paesi Membri che hanno ritenuto opportuno recepire a livello nazionale le proposte comunitarie. Ogni Stato membro pertanto, al fine di perseguire gli obiettivi dettati dalla Comunità Europea, ha adottato diversi strumenti politico-economici che hanno portato, come vedremo nel seguito, a conseguire risultati diversi nel riciclaggio dei rifiuti da costruzione e demolizione.

2.2 Linee generali della normativa italiana

Anche la normativa italiana nel settore dei rifiuti, al pari degli altri Stati Membri, ha seguito l'evoluzione della legislazione europea recependo nella legge quadro D.Lgs. 22/97 (noto come "Decreto Ronchi") le direttive 91/156CEE sui rifiuti, 91/689CEE sui rifiuti pericolosi e 94/62CEE sugli imballaggi. Il Decreto Ronchi, adeguandosi alla strategia comunitaria, introduce così anche nella gestione dei rifiuti italiana le seguenti priorità:

- prevenzione;
- recupero;
- smaltimento.

L'esigenza di un più consapevole impiego degli aggregati naturali ed un maggior controllo sulla gestione anche di questa tipologia di rifiuti hanno assunto un peso crescente stimolando così l'attenzione degli operatori del settore sull'opportunità del riciclaggio, in particolare dei rifiuti da costruzione e demolizione. Dal punto di vista impiantistico in Italia sono stati realizzati numerosi centri di trattamento dei rifiuti da costruzione e demolizione. Oltre agli importatori di tecnologie straniere sono presenti produttori locali in grado di fornire impianti con un ottimo grado di livello tecnologico e che si distinguono per le caratteristiche di semplicità, sicurezza di gestione e costi relativamente contenuti. Tali tecnologie di riciclaggio tengono presenti, oltre agli obiettivi fondamentali di frantumazione e separazione, anche altri aspetti (ad esempio il controllo della qualità dei materiali in ingresso ed in uscita, l'abbattimento delle polveri e la sicurezza dei lavoratori) del ciclo produttivo che le rendono certamente competitive all'interno del panorama internazionale. Nonostante tuttavia gli impianti riescano a produrre materiale di ottima qualità, la diffusione dell'utilizzo su larga scala di tali prodotti, derivanti dal riciclaggio dei rifiuti da costruzione e demolizione e non solo, si scontra ancora con numerosi ostacoli, tra cui una normativa tecnica spesso inadeguata e l'atteggiamento spesso conservatore di progettisti e costruttori.

2.3   La normativa italiana

La legislazione italiana disciplina l'utilizzo di materiali riciclati legandoli ai requisiti di compatibilità ambientale.

Le norme più recenti che possono riguardare la problematica del riutilizzo dei rifiuti a vario titolo sono:

- D.Lgs. 5 febbraio 1997 n. 22 (Decreto Ronchi) *"Attuazione delle direttive 91/156/CEE sui rifiuti, 91/689/CEE sui rifiuti non pericolosi e 94/62/CE sugli imballaggi e sui rifiuti di imballaggio"*
- D.Lgs. 8 novembre 1997 n. 389 *"Modifiche ed integrazioni al decreto legislativo 5 febbraio 1997, n. 22, in materia di rifiuti, di rifiuti pericolosi, di imballaggi e di rifiuti di imballaggio"*
- L. 9 dicembre 1998 n. 426 *"Nuovi interventi in campo ambientale"*
- L. 24 aprile 1998 n. 128 *"Disposizioni generali sui procedimenti per l'adempimento degli obblighi comunitari"*, art. 21 *"Direttiva 96/61/CE del Consiglio, sulla prevenzione e riduzione dell'inquinamento"*, comma 2
- D.M. 5 febbraio 1998 n. 186 *"Individuazione dei rifiuti non pericolosi sottoposti alle procedure semplificate di recupero ai sensi degli articoli 31 e 33 del D.L. 22/97"*
- D.M. 8 maggio 2003 n. 203 *" Norma affinché gli uffici pubblici e le società a prevalente capitale pubblico coprano il fabbisogno annuale di manufatti e beni con quota di prodotti ottenuti da materiale riciclato nella misura non inferiore al 30% del fabbisogno medesimo"*

- L. 15 dicembre 2004 n. 308 *"Delega al Governo per il riordino della legislazione ambientale"*
- D.Lgs. 3 aprile 2006 n. 152 *"Norme in materia ambientale"*
- D.M. 5 aprile 2006 n. 186 *"Regolamento recante modifiche al decreto ministeriale 5 febbraio 1998"*
- D.Lgs. 8 novembre 2006 n. 284 *"Disposizioni correttive e integrative del decreto legislativo 3 aprile 2006, n. 152, recante norme in materia ambientale"*
- D.L. 28 dicembre 2006 n. 300 ("Decreto milleproroghe") *"Proroga di termini previsti da disposizioni legislative"*
- D.Lgs. 9 novembre 2007 n. 205 *"Attuazione della direttiva 2005/33/Ce che modifica la direttiva 1999/32/Ce in relazione al tenore di zolfo dei combustibili per uso marittimo"*
- D. Lgs. 16 gennaio 2008 n. 4 *"Ulteriori disposizioni correttive ed integrative del D.Lgs 3 aprile 2006, n. 152, recante norme in materia ambientale"*

2.3.1   D.Lgs. 5 febbraio 1997 n. 22 (Decreto Ronchi)

Le direttive comunitarie in materia di gestione dei rifiuti sono state recepite in Italia attraverso il D.Lgs 5 febbraio 1997n. 22, noto come Decreto Ronchi.

Esso costituisce attualmente nucleo embrionale della regolamentazione italiana relativa alla gestione dei rifiuti, successivamente modificato e integrato con D.Lgs 8 novembre 1997 n. 389 e dalla legge 9 dicembre 1998 n. 426 e di fatto abrogato dal D.Lgs 3 aprile 2006 n. 152.

Il decreto Ronchi si applica a :

- rifiuti in generale;
- rifiuti pericolosi;
- rifiuti da imballo.

La gestione dei rifiuti costituisce attività di pubblico interesse ed è disciplinata da vari soggetti per:

- assicurare un elevata protezione dell'ambiente;

- i rifiuti devono essere recuperati o smaltiti senza pericolo per la salute dell'uomo e senza recare danno all'ambiente(suolo, acqua, aria);
- la gestione dei rifiuti si conforma ai principi di responsabilizzazione e cooperazione di tutti i soggetti coinvolti nella produzione,nella distribuzione, nell'utilizzo e nel consumo di beni da cui originano i rifiuti.

Le autorità competenti adottano iniziative dirette a favorire, in via prioritaria la prevenzione e la riduzione della produzione e della pericolosità dei rifiuti attraverso particolari azioni quali lo sviluppo di tecnologie pulite e l'immissione sul mercato di prodotti, la cui produzione, il cui uso, non incrementino la qualità, il volume e la pericolosità dei rifiuti,e in via secondaria ridurre lo smaltimento finale dei rifiuti attraverso:

- il riutilizzo
- il riciclaggio
- il recupero di materia prima (Art 4), lasciando allo smaltimento dei rifiuti un azione del tutto marginale.

Il decreto impone poi alle autorità di vigilare sull'applicazione del divieto di abbandono e deposito incontrollato di rifiuti, sul suolo e nel suolo e l'immissione di rifiuti di qualsiasi genere nelle acque superficiali e sotterranee.

Un aspetto importante del decreto è quello di aver stabilito le competenze degli Enti preposti in materia di rifiuti, fissando anche le condizioni per ottenere l' autorizzazione alla realizzazione di impianti di smaltimento e di recupero dei materiali di scarto.

Il Decreto Ronchi poi fissa una prima classificazione dei rifiuti in relazione al loro ciclo di vita e della loro natura considerando, tutte le varie fasi di produzione, trattamento, messa in discarica ed eventuale riuso, suddividendoli in rifiuti pericolosi e non pericolosi.

Il Decreto Ronchi contiene infatti nell' Allegato A il *Catalogo Europeo dei Rifiuti*, mentre nell' allegato D sono contenuti i codici dei rifiuti ritenuti pericolosi.

Con la Decisione 2000/532/CE del 3 maggio 2000 e successive modificazioni (2001/118/CE, 2001/119/CE e 2001/573/CE) è stato introdotto il nuovo *Catalogo Europeo dei Rifiuti*, insieme alle regole per il suo utilizzo.

Il Catalogo Europeo dei Rifiuti CER (contenente i codici CER di classificazione di tutti i rifiuti) e l'Elenco dei rifiuti pericolosi (contenente i codici CER di classificazione dei rifiuti pericolosi) allegati al Decreto Ronchi prima delle modifiche sono stati quindi abrogati e sostituiti con un nuovo e unico Catalogo Europeo dei Rifiuti, a partire dal 1 gennaio 2002, che contiene sia i codici dei rifiuti pericolosi (indicati con un asterisco) che quelli dei rifiuti non pericolosi.

La novità è rappresentata intanto dal passaggio da due distinti elenchi rifiuti ad un unico elenco rifiuti, e, secondariamente, ad una più dettagliata classificazione. Con il nuovo catalogo CER infatti vengono introdotti circa 470 nuovi codici rifiuti e vengono soppressi circa 280 codici rifiuti originari. Inoltre tra i 470 nuovi codici, ve ne sono 260 che riguardano rifiuti pericolosi.

Le modalità e gli adempimenti previsti per il passaggio alla nuova classificazione CER sono definiti dall'articolo 1, comma 15, della Legge 21/12/2001, n. 443.

Il catalogo CER associa ai vari tipi di rifiuti un codice definito da sei cifre. Le prime due cifre individuano l' attività principale da cui ha origine il rifiuto, le successive due cifre delineano più in dettaglio l' attività nell' ambito di quella principale, e le ultime due individuano in modo specifico il rifiuto.

2.3.2 D.M. 5 febbraio 1998 n. 186

Il D.M. 5 febbraio 1998 n. 186:

- individua i rifiuti non pericolosi sottoposti a procedure di recupero ai sensi degli artt. 31 e 33 del D.Lgs 5 febbraio 1997n. 22(Decreto Ronchi);
- dalle attività di recupero e riciclaggio bisogna ottenere materie prime secondarie con caratteristiche merceologiche conformi alla normativa tecnica del settore;

- le materie prime secondarie così ottenute non devono determinare rischi per la salute dell' uomo e recare pregiudizio all' ambiente;
- stabilisce le caratteristiche fisiche chimiche del rifiuto e un eventuale, a seconda del tipo di rifiuto, *test di cessione* da eseguirsi sul rifiuto così com' è in base all' allegato 3 del medesimo decreto, con l' obiettivo di valutare il rilascio del materiale di varie componenti in presenza di acqua deionizzata rinnovata a intervalli.

Negli allegati 1, 2 e 3 sono definite le norme tecniche generali che individuano i tipi di rifiuto non pericolosi e fissano, per ciascun tipo di rifiuto e per ogni attività e metodo di recupero degli stessi, le condizioni specifiche in base alle quali l'esercizio di tali attività è sottoposto alle procedure semplificate di cui all'articolo 33, del decreto legislativo 5 febbraio 1997, n. 22 (Decreto Ronchi).

Nell'Allegato 1 Suballegato1 al punto 7, *Rifiuti ceramici e inerti*, viene indicata anche al punto 7.1 la tipologia di rifiuti *costituiti da laterizi, intonaci e conglomerati di cemento armato e non, comprese le traverse e traversoni ferroviari e i pali in calcestruzzo armato provenienti da linee ferroviarie, telematiche ed elettriche e frammenti di rivestimenti stradali, purché privi di amianto* con classificazione CER [101311] [170101] [170102] [170103] [170802] [170107] [170904] [200301] per i quali si indica come provenienza (punto 7.1.1) *attività di demolizione, frantumazione e costruzione; selezione da RSU e/o RAU; manutenzione reti; attività di produzione di lastre e manufatti in fibrocemento*, come caratteristiche del rifiuto (punto 7.1.2) *materiale inerte, laterizio e ceramica cotta anche con presenza di frazioni metalliche, legno, plastica, carta e isolanti escluso amianto*.
Al punto 7.1.3 si considerano le possibili attività di recupero dei materiali di costruzione e demolizione (come modificato da D.M. 5 aprile 2006, n. 186):

- messa in riserva di rifiuti inerti per la produzione di materie prime secondarie per l'edilizia, mediante fasi meccaniche e tecnologicamente interconnesse di macinazione, vagliatura, selezione granulometrica e separazione della frazione metallica e delle frazioni indesiderate per l'ottenimento di frazioni inerti di natura lapidea a granulometria idonea e selezionata, con eluato del test di cessione conforme a quanto previsto in allegato 3 al presente decreto;

▪ utilizzo per recuperi ambientali previo trattamento di cui al primo punto (il recupero è subordinato all'esecuzione del test di cessione sul rifiuto tal quale secondo il metodo in allegato 3 del decreto);

▪ utilizzo per la realizzazione di rilevati e sottofondi stradali e ferroviari e aeroportuali, piazzali industriali previo trattamento di cui al primo punto (il recupero è subordinato all'esecuzione del test di cessione sul rifiuto tal quale secondo il metodo in allegato 3 del decreto).

Al punto 7.1.4 si specificano le caratteristiche delle materie prime e/o dei prodotti ottenuti (come modificato da D.M. 5 aprile 2006, n. 186):

▪ materie prime secondarie per l'edilizia con caratteristiche conformi all'allegato C della circolare del Ministero dell'ambiente e della tutela del territorio 15 luglio 2005, n. UL/2005/5205

Tra i *Rifiuti ceramici e inerti*, viene indicata anche, al punto 7.25, la tipologia di rifiuti *terre e sabbie esauste di fonderia di seconda fusione dei metalli ferrosi* con classificazione CER [100299] [100910] [100912] [100906] [100908] [161102] [161104] per i quali si indica come provenienza, al punto 7.25.1, *fonderie di seconda fusione di ghisa e di acciaio* , come caratteristiche del rifiuto al punto 7.25.2 *sabbie e terre refrattarie miscelate con leganti inorganici (argille) e/o organici (resine furaniche, fenoliche e isocianati) il contenuto massimo di fenolo sul rifiuto tal quale è pari a 200 ppm; rifiuti di forme ed anime.*

Al punto 7.25.3 si considerano le possibili attività di recupero delle sabbie di fonderia:

- cementifici ;
- produzione di calce idraulica ;
- processi di rigenerazione delle sabbie di fonderia esauste ;
- industria dei laterizi della ceramica e dell'argilla espansa ;
- produzione di conglomerati per l'edilizia ;
- industria vetraria;
- industria ceramica;
- produzione conglomerati bituminosi;
- utilizzo per rilevati e sottofondi stradali (il recupero è subordinato all'esecuzione del test di cessione sul rifiuto tal quale secondo il metodo in allegato 3 del decreto).

Al punto 7.25.4 si specificano le caratteristiche delle materie prime e/o dei prodotti ottenuti:

- cemento nelle forme usualmente commercializzate;
- calce idraulica nelle forme usualmente commercializzate;
- sabbie di fonderia;
- laterizi e argilla espansa nelle forme usualmente commercializzate.
- conglomerati per l'edilizia nelle forme usualmente commercializzate
- vetro nelle forme usualmente commercializzate.
- materiali e/o prodotti ceramici nelle forme usualmente commercializzate
- conglomerati bituminosi nelle forme usualmente commercializzate.

2.3.3   D.M. 8 maggio 2003 n. 203

Il D.M. 8 maggio 2003 n. 203 " *Norma affinché gli uffici pubblici e le società a prevalente capitale pubblico coprano il fabbisogno annuale di manufatti e beni con quota di prodotti ottenuti da materiale riciclato nella misura non inferiore al 30% del fabbisogno medesimo"* ha appunto come finalità l' individuare regole e criteri affinché le Regioni adottino disposizioni, destinate agli enti pubblici ed alle società a prevalente capitale pubblico, anche di gestione dei servizi, che garantiscano che manufatti e beni realizzati con materiale riciclato coprano almeno il 30% del fabbisogno annuale. Per ciascuna categoria di prodotto il quantitativo rappresentante il fabbisogno annuale di manufatti e beni viene calcolato nell'unità di misura atta ad identificare l'unità di prodotto oppure, per quelle categorie di prodotto per le quali non è possibile individuare un'unità di misura identificativa dell'unità di prodotto, il termine quantitativo impiegato per la definizione del fabbisogno annuale di manufatti e beni fa riferimento all'importo annuo destinato all'acquisto di manufatti e beni in quella categoria di prodotto.

È anche istituito un repertorio del riciclaggio contenente:

- l'elenco dei materiali riciclati;
- l'elenco dei manufatti e beni in materiale riciclato, indicante l'offerta, la disponibilità e la congruità del prezzo.

Il repertorio del riciclaggio è tenuto e reso pubblico a cura dell'Osservatorio nazionale dei rifiuti (Onr), in conformità all'articolo 26 del decreto legislativo 5 febbraio 1997, n. 22.

Tale decreto segna una svolta importante perché inserisce il concetto di riuso di materiali riciclati all'interno delle pubbliche amministrazioni.

2.3.4   D.Lgs. 3 aprile 2006 n. 152

A partire dal 29 aprile 2006, data di entrata in vigore del D.Lgs 3 aprile 2006, n. 152 *"Norme in materia ambientale"* la normativa nazionale sui rifiuti subisce una profonda trasformazione, parallelamente a quanto accade,sempre in forza dello stesso provvedimento, per la normativa relativa alla valutazione di impatto ambientale, difesa del suolo e tutela delle acque, bonifica dei siti inquinati, tutela dell'aria, risarcimento del danno ambientale.

Il nuovo provvedimento, emanato in attuazione della legge 15 dicembre 2004 n. 308 *"Delega al Governo per il riordino, il coordinamento e l'integrazione della legislazione in materia ambientale"*, riformula infatti l'intera legislazione interna sull'ambiente, e sancisce, sul piano della disciplina dei rifiuti, l'espressa abrogazione del D.Lgs 22/1997 (Decreto Ronchi).

Dell'uscente quadro normativo sui rifiuti rimarranno in vigore, in base ad un regime transitorio che andrà fino all'emanazione delle regole di attuazione del nuovo D.Lgs 152/2006, le norme tecniche regolamentali predisposte in base all'uscente D.Lgs 22/1997.

Il D.Lgs 3 aprile 2006, n. 152 ha come obbiettivi:

- la promozione dei livelli di qualità della vita umana, da realizzare attraverso la salvaguardia ed il miglioramento delle condizioni dell'ambiente e l'utilizzazione accorta e razionale delle risorse naturali;
- provvedere al riordino, al coordinamento e all'integrazione delle disposizioni legislative nelle materie riguardanti le procedure per la valutazione ambientale strategica (Vas), per la valutazione d'impatto ambientale (Via) e per l'autorizzazione ambientale integrata (Ippc), la difesa del suolo e la lotta alla desertificazione, la tutela delle acque dall'inquinamento e la gestione delle risorse idriche, la gestione dei rifiuti e la bonifica dei siti contaminati, la tutela dell'aria e la riduzione delle emissioni in atmosfera, la tutela risarcitoria contro i danni all'ambiente, in conformità ai principi e criteri direttivi di cui ai commi 8 e 9 dell'articolo 1 della legge 15 dicembre 2004, n. 308, e nel rispetto dell'ordinamento comunitario, delle attribuzioni delle Regioni e degli Enti locali.

- attuare le disposizioni di cui al presente decreto nell'ambito delle risorse umane, strumentali e finanziarie previste a legislazione vigente e senza nuovi o maggiori oneri a carico della finanza pubblica.

Le nuove regole sulla gestione dei rifiuti sono contenute, in particolare, nella "Parte quarta", *"Norme in materia di gestione dei rifiuti e di bonifica dei siti inquinati"*, del D.Lgs 3 aprile 2006, n. 152, composta da 89 articoli (dal 177 al 266) e 9 allegati (più 5 sulle bonifiche).

Tra le finalità della "Parte quarta", all'articolo 178, oltre che ribadire i temi di protezione e salvaguardia ambientale già presenti nella "Parte prima", si specifica al comma 2 che i rifiuti devono essere **recuperati** o smaltiti senza pericolo per la salute dell'uomo e senza usare procedimenti o metodi che potrebbero recare pregiudizio all'ambiente e, in particolare:

- senza determinare rischi per l'acqua, l'aria, il suolo, nonché per la fauna e la flora;
- senza causare inconvenienti da rumori o odori;
- senza danneggiare il paesaggio e i siti di particolare interesse, tutelati in base alla normativa vigente.

All'articolo 179, comma 1, il decreto da anche dei criteri per le pubbliche amministrazioni affinché perseguano iniziative dirette a favorire prioritariamente la prevenzione e la riduzione della produzione e della nocività dei rifiuti, in particolare mediante:

- lo sviluppo di tecnologie pulite, che permettano un uso più razionale e un maggiore risparmio di risorse naturali;
- la messa a punto tecnica e l'immissione sul mercato di prodotti concepiti in modo da non contribuire o da contribuire il meno possibile, per la loro fabbricazione, il loro uso o il loro smaltimento, ad incrementare la quantità o la nocività dei rifiuti e i rischi di inquinamento;

- lo sviluppo di tecniche appropriate per l'eliminazione di sostanze pericolose contenute nei rifiuti al fine di favorirne il recupero.

Il lungo articolo 181 disciplina invece il recupero dei rifiuti stabilendo che ai fini di una corretta gestione dei rifiuti le pubbliche amministrazioni favoriscono la riduzione dello smaltimento finale dei rifiuti attraverso:

- il riutilizzo, il reimpiego ed il riciclaggio;
- le altre forme di recupero per ottenere materia prima secondaria dai rifiuti;
- l'adozione di misure economiche e la previsione di condizioni di appalto che prescrivano l'impiego dei materiali recuperati dai rifiuti al fine di favorire il mercato di tali materiali;
- l'utilizzazione dei rifiuti come mezzo per produrre energia.

Infine assume notevole rilevanza l'allegato D del presente decreto, contenente i codici di classificazione aggiornati del Catalogo Europeo dei Rifiuti, *"Elenco dei rifiuti istituito conformemente all'articolo 1, lettera a), della direttiva 75/442/CEE relativa ai rifiuti e all'articolo 1, paragrafo 4, della direttiva 91/689/CEE relativa ai rifiuti pericolosi di cui alla Decisione della Commissione 2000/532/CE del 3 maggio 2000 (direttiva Ministero dell'Ambiente e della Tutela del territorio 9 aprile 2002)"*

2.3.5   D. Lgs. 16 gennaio 2008 n. 4

Il D.Lgs 16 gennaio 2008 n. 4 *"Ulteriori disposizioni correttive ed integrative del D.Lgs 3 aprile 2006, n. 152, recante norme in materia ambientale"* va a riformulare in maniera sostanziale il precedente D.Lgs 3 aprile 2006 n. 152.

Vengono introdotti nella prima parte del D.Lgs. 152/2006 alcuni principi fondamentali che nella prima stesura erano stati trascurati o non ben definiti:

- principio di **produzione del diritto ambientale** secondo cui i principi contenuti nel D.Lgs.152/2006 sono principi generali e fondamentali nei temi di tutela dell'ambiente, e quindi vanno a limitare le possibilità legislative di Regioni ed Enti speciali;

- principio dell'**azione ambientale** secondo cui l'ambiente deve essere tutelato da tutti gli enti pubblici e privati, da persone fisiche o giuridiche pubbliche o private, con azioni che siano fondate sui **principi di precauzione**, **prevenzione**, **correzione** e sul **principio**, già insito nel Decreto Ronchi, del **"chi inquina paga"**;
- principio dello **sviluppo sostenibile** in cui si sancisce esplicitamente il coinvolgimento delle Pubbliche Amministrazioni in materia di tutela dell'ambiente e del patrimonio culturale, obbligandole a dare la priorità a questi ultimi aspetti;
- principi di **sussidiarietà e di leale collaborazione** in cui si precisa che lo Stato interviene in questioni inerenti la tutela ambientale quando l'azione dei livelli territoriali inferiori di governo risulti inefficace o inesistente.

Infine si stabilisce nella prima parte del Decreto anche il diritto fondamentale **accesso alle informazioni ambientali e di partecipazione a scopo collaborativo** in cui chiunque, anche senza uno scopo giuridicamente rilevante, può avere accesso per diritto alle informazioni riguardanti lo stato dell'ambiente e del territorio italiano.

Per quanto riguarda la seconda parte del D.Lgs 152/2006, si ha praticamente una totale riscrittura. Le norme relative alle procedure di Valutazione ambientale strategica (Vas), Valutazione di impatto ambientale (Via) e Autorizzazione integrata ambientale vengono del tutto riscritte introducendo le seguenti novità:

- una riformulazione delle procedure di Via e Vas per cercare di garantire una maggiore autonomia;
- un allargamento dei campi applicativi della Vas e l'inclusione dei "piani e programmi agli interventi di telefonia mobile" all'interno dei campi di Via e Vas;

- si istituisce l'obbligo di integrare e aggiornare Via e Vas nel cso di opere strategiche che in via di progetto definitiva si discostino troppo dal progetto preliminare;
- si stabiliscono più nettamente le competenze Statali e Regionali.

Nella parte terza viene riformata la parte relativa alle acque, introducendo le novità:

- viene cambiata la definizione di "scarico nelle acque all'art. 74;
- vengono cambiati i regimi di emissioni limite e di autorizzazione degli scarichi eliminando la procedura del "silenzio assenso".

Infine nella parte quarta sulla gestione e il recupero dei rifiuti si danno ulteriori importanti novità:

- si da una nuova formulazione del concetto di sottoprodotto, facendola più restrittiva, istituendo i principi con cui i materiali derivanti da un ciclo produttivo possono uscire dal regime dei rifiuti: il processo da cui derivano non deve essere destinato alla loro produzione e ne deve essere garantita la certezza e l'integrità del loro impiego fin dal momento della produzione;
- vengono definite in maniera più restrittiva anche le materie prime secondarie introducendo nuovi requisiti merceologici che tali materiali devono rispettare;
- si precisano in modo ulteriore le questioni riguardanti il deposito temporaneo dei rifiuti, il Mud, i registri di carico e scarico, l'impiego e il reimpiego delle rocce e terre da scavo, la gestione di rifiuti ferrosi e non ferrosi e si integra nel campo di applicazione del D.Lgs 152/2006 anche il Coke da petrolio.

2.3.6 Classificazione CER e test di cessione per i materiali utilizzati nella sperimentazione

Test di cessione

(ai sensi dell'allegato 3, D.M. 5 aprile 2006 n. 186)

Per la determinazione del test di cessione si applica l'appendice A della norma UNI 10802, secondo la metodica prevista dalla norma UNI EN 12457-2. Solo nei casi in cui il campione da analizzare presenti una granulometria molto fine, si deve utilizzare, senza procedere alla fase di sedimentazione naturale, una ultracentrifuga (20000 G) per almeno 10 minuti. Solo dopo tale fase si potrà procedere alla successiva fase di filtrazione secondo quanto riportato al punto 5.2.2 della norma UNI EN 12457-2.

Il test di cessione consiste nella eluizione dei componenti in acqua, viene cioè immerso il campione, in esame, in acqua deionizzata che viene rinnovata ad intervalli prestabiliti, per un totale di 24 ore di prova.

Il materiale campione, che in origine o dopo il pretrattamento presenta particelle di dimensioni minori di 4 mm, è portato a contatto con l'acqua in condizioni definite. La presente norma UNI EN 12457-2 si basa sull'assunto che l'equilibrio, o il quasi equilibrio, sia raggiunto tra le fasi liquida e solida nel corso della durata della prova (24 ore). Il residuo solido è separato per filtrazione. Le proprietà dell'eluato sono infine misurate utilizzando i metodi sviluppati per l'analisi dell'acqua , adattati per soddisfare i criteri di analisi degli eluati (ENV 12506, ENV 13370).

All'interno dello stesso D.M. si rimanda, quindi, per le modalità di prova, alla normativa UNI e si forniscono le concentrazioni limite per i parametri qui di seguito riportati:

Parametri	Unità di misura	Concentrazione limite
Nitrati	mg / ℓ NO$_3$	50
Fluoruri	mg / ℓ F	1,5
Solfati	mg / ℓ SO$_4$	250
Cloruri	mg / ℓ Cl	100
Cianuri	mg / ℓ CN	50
Bario	mg / ℓ Ba	1
Rame	mg / ℓ Cu	0,05
Zinco	mg / ℓ Zn	3
Berillio	mg / ℓ Be	10
Cobalto	mg / ℓ Co	250
Nichel	mg / ℓ Ni	10
Vanadio	mg / ℓ V	250
Arsenico	mg / ℓ As	50
Cadmio	mg / ℓ Cd	5
Cromo totale	mg / ℓ Cr	50
Piombo	mg / ℓ Pb	50
Selenio	mg / ℓ Se	10
Mercurio	mg / ℓ Hg	1
Amianto	mg / ℓ	30
COD	mg / ℓ	30
PH	pH	5,5 < pH <12,0

Vengono di seguito riportati i risultati delle analisi che certificano la non pericolosità e non tossicità delle suddette miscele nonché la classificazione secondo il Catalogo Europeo dei Rifiuti ed i risultati del test di cessione:

Referto n. 03/MF/437

Vicenza, 30 maggio 2003

Spett.le Ditta

SAFOND S.r.l.

Via Terraglioni, 50/A

36030 MONTECCHIO PREC. (VI)

Denominazione campione	: *Forme e anime da fonderia utilizzate*
Campione prelevato da	: dott. Farina
Motivo dell'analisi	: Classificazione rifiuto
Data prelievo	: 15 maggio 2003

Analisi di composizione

Parametri		Concentrazione	Limiti	u.m
aspetto	=	solido nero		
pH	=	9,2		
residuo a 105 °C	=	95		%
fenoli	=	39	200	mg/Kg stq
ammine alifatiche	=	15	1000	mg/Kg stq
formaldeide	=	8	50	mg/Kg .
arsenico	=	3	100	mg/Kg stq
cadmio	=	inf.a 1	100	mg/Kg "
cromo totale	=	102	-	mg/Kg "
cromo esavalente	=	inf.a 1	100	mg/Kg "
nichel	=	45	-	mg/Kg "
piombo	=	8	5000	mg/Kg "
rame	=	87	-	mg/Kg "
rame solubile	=	inf.a 1	5000	mg/Kg "
selenio	=	inf.a 1	100	mg/Kg "
zinco	=	195	-	mg/Kg "

pag. 1/2

ecochem srl

Via L.L. Zamenhof, 92 · 36100 Vicenza · Tel. 0444 911655 · Fax 0444 911903 · Cell. 348 3353520 · e-mail: mariano.farina@ecochem-lab.com

analisi chimiche · controlli ambientali · perizie tecniche · gestione impianti

- 25 -

Referto n. 03/MT/437   (segue)

Commento

Relativamente ai parametri analizzati, scelti in base al ciclo produttivo di provenienza del residuo e ricordati la Deliberazione del C.I. 27.07.1984, gli allegati al D.Lgs. 05.02.1997 n. 22, la Direttiva del Ministero Ambiente 9.04.2002, il residuo solido in questione può essere classificato :

★ rifiuto speciale non tossico-nocivo
★ rifiuto speciale non pericoloso

Il materiale è conforme, sia per codice, sia per provenienza e sia per caratteristiche chimiche, a quanto previsto al punto 7.25. dell'Allegato 1, sub-allegato 1, al D.M. 5.02.1998 e può, quindi, essere recuperato con procedura semplificata, ai sensi dell'art. 33 del D.Lgs. n. 22/1997.

Codice Rifiuto: **10 09 08**

I valori analitici su riportati si riferiscono al solo campione pervenuto in laboratorio.

Analisi eseguite a cura del Laboratorio ECOCHEM srl di Vicenza.

pag. 2/2

Dott. GIORGIO BERTO
chimico
Ord. Interprov. chimici del Veneto N. 329

accreditato nr. 1

SEGUE CERTIFICATO DI ANALISI N 022627

Parametro	U.M.	Metodo	Risultato	Limiti D.M. 471/99 Suolo e sottosuolo	
				Limite A	Limite B
IDROCARBURI					
Idrocarburi leggeri (C<12)	mg/Kg ss	ISO TR 11046/94	2,8	10	250
Idrocarburi pesanti (C>12)	mg/Kg ss		4,1	50	750

Limite A= Siti ad uso Verde pubblico, privato e residenziale
Limite B= Siti ad uso Commerciale e Industriale

TEST DI CESSIONE SECONDO UNI 10802/99

Analisi sull'eluato in CO_2

Parametro	U.M.	Metodo	Risultato	Limiti 471/99 Acque sotterranee
METALLI				
Alluminio (Al)	µg/L		2,7	200
Antimonio (Sb)	µg/L		0,1	5
Argento (Ag)	µg/L		<0,1	10
Arsenico (As)	µg/L		<0,05	10
Berillio (Be)	µg/L		<0,1	4
Cadmio (Cd)	µg/L		<0,1	5
Cobalto (Co)	µg/L		<0,2	50
Cromo totale (Cr tot)	µg/L		0,7	50
Cromo VI	µg/L	EPA 6010B/96	<0,1	5
Ferro (Fe)	µg/L		2,2	200
Mercurio (Hg)	µg/L		<0,1	1
Nichel (Ni)	µg/L		1,6	20
Piombo (Pb)	µg/L		0,8	10
Rame (Cu)	µg/L		2,1	1000
Selenio (Se)	µg/L		0,1	10
Manganese (Mn)	µg/L		1,5	50
Tallio (Ta)	µg/L		<0,1	2
Zinco (Zn)	µg/L		2,8	3000

Note
1. Il presente certificato di analisi riguarda solo il campione sottoposto ad analisi
2. Il presente certificato deve essere riprodotto per intero; la riproduzione parziale deve essere esplicitamente approvata dal responsabile del laboratorio
3. L'incertezza di misura è quella prevista dal metodo impiegato

Tecnico Analista

Direttore del Laboratorio

3/3

Le analisi strumentali sono state eseguite presso
CENTRO ANALISI CHIMICHE s.r.l. - Via Avogadro, 23 - 35030 Rubano (Padova)
Tel. 049/631746 - Fax 049/8975477 - E-Mail: avogadro23@libero.it
Laboratorio Autorizzato dal Ministero della Sanità ai sensi dei D.Lgs. 537/92, 65/93

Le sabbie di fonderia, descritte nelle pagine seguenti , sono state sottoposte alle analisi chimiche di seguito riportate:

- analisi chimica sul materiale di fonderia, prevista dal D.M. 05 febbraio1998 n. 186;
- test di cessione sul materiale di riciclaggio, previsto dall' allegato 3 del D.M. 5 febbraio 1998 n. 186;
- test di cessione sulle miscele di sabbia di fonderia, secondo quanto stabilito dall' allegato 3 D.M. 5 febbraio 1998 n. 186; quest' ultima prova pur non essendo prevista dalla legislazione vigente è stata comunque eseguita per garantire la massima sicurezza del materiale.
- oltre a queste, sono state eseguite ulteriori analisi (accessorie) su campioni di materiale prelevato da cantieri dove era stato messo in opera.

Da tutte queste analisi si può classificare la miscela di sabbia di fonderia come un rifiuto speciale:

- **non pericoloso**
- **non tossico nocivo.**

Pertanto secondo il D.M. 5 febbraio 1998 n. 186, e in base all'allegato D del D.Lgs 3 aprile n. 152, il codice che identifica il materiale all'interno del catalogo CER risulta:

Codice Rifiuto: 100908

Il catalogo CER associa ai vari tipi di rifiuti un codice composto da sei cifre con un ordine di approfondimento a partire dall'attività che ha prodotto il rifiuto. Infatti le prime due cifre individuano l' attività principale che ha dato origine al rifiuto, le successive due cifre specificano in dettaglio il tipo di attività da cui derivano, e le ultime due individuano infine lo specifico rifiuto.

Il materiale in esame è stato dunque classificato con il **Codice Rifiuto 100908** dove:

- 10 va ad indicare "rifiuti prodotti da processi termici";
- 1009 va ad indicare "rifiuti dalla fusione di materiali ferrosi";
- 100908 va ad indicare "forme e anime di fonderia".

3. I materiali utilizzati nella sperimentazione

3.1   Sabbie di fonderia

Le sabbie di fonderia (WFS o waste foundry sand) sono un sottoprodotto del processo permanente di fusione che comprende l' utilizzo di stampi di sabbia consumabile formati da modelli riutilizzabili ed induriti attraverso l' utilizzo di compattazione e aggiunta di leganti. Si presentano come una massa dalle pezzature molto variabili, di colore grigio cinerino con sfumature violacee, a volte grigio scuro metallico.

In questi processi il metallo fuso è versato dentro uno stampo fatto di sabbia modellata e indurita per resistere alla pressione e al calore provocato dal metallo riscaldato. Il metallo fuso è versato all' interno degli stampi risultanti che determinano la forma esterna, mentre le cavità interne sono ottenute posizionando nuclei di sabbia all' interno della cavità dello stampo prima di versare il metallo. Poichè la sabbia legata è esposta a temperature elevate mentre si versa il metallo, le sue proprietà fisiche e chimiche si deteriorano nel tempo. Dopo che il metallo è stato colato, la sabbia è separata dalla fusione e riciclata. Sebbene le fonderie stiano cercando di riciclare più sabbia possibile, alcune sabbie di fonderia devono essere eliminate ad ogni ciclo a causa del loro collasso fisico e chimico e a causa della necessità di utilizzare sabbia vergine per ogni parte dello stampo, quindi vengono aggiunte nel tempo sabbie nuove per rinnovare la sabbia esausta. Le sabbie passeranno poi attraverso molti cicli di riuso interno prima di essere finalmente scaricate. In questo modo quindi molte fonderie praticano il riciclo delle sabbie ed il loro recupero (soprattutto in Europa e Giappone) per ridurre i costi, riducendo il volume sia delle nuove sabbie acquistate che delle sabbie spente.

Alcuni fattori che determinano la necessità di utilizzare sabbia vergine sono:

- la quantità di legante bruciato sulla sabbia che riduce la possibilità che si vengano a creare nuovi legami;
- la presenza di nuclei di legante non bruciato;
- la presenza di agglomerati relativamente duri;

- il deterioramento delle dimensioni e della forma degli stampi che indica che non sono più a lungo utilizzabili per garantire una buona superficie finita dello stampo.

L' associazione delle industrie siderurgiche definisce sabbia spenta di fonderia una sabbia che ha del tutto perso il suo valore di utilizzo per il processo di fonderia e che è già stata riciclata per una quantità innumerevole di volte e che quindi dovrà eventualmente essere rimossa quando vengono meno le condizioni per eseguire una fusione di qualità.

Negli stampi di fusione sono utilizzati molti tipi di sabbia vergine e possono essere suddivisi in 4 gruppi: silice, olivina, cromite, e zircone. La sabbia più comunemente usata è appunto la sabbia di silice. Le proprietà di maggior interesse per le industrie siderurgiche per determinare la sabbia migliore da utilizzare sono dettate dal processo e comprendono:

- la finezza dei grani e la loro distribuzione;
- la forma dei grani;
- la purezza chimica soprattutto riguardo al contenuto di silice;
- la perdita dovuta alla combustione;
- la densità;
- la domanda del valore di acido;
- il pH;
- la quantità di argilla presente e il contenuto di umidità;
- il comportamento della sabbia a diverse temperature;
- la permeabilità
- altri valori.

Nel processo di fusione, allo stampo di sabbia vengono aggiunte le argille. Quando le argille, che sono silicati alluminati idrati, sono idratate, la superficie di interazione tra particelle di sabbia e argilla è responsabile della forza di coesione tra le stesse. Per controllare la resistenza, le caratteristiche di deformazione, la superficie finita e per ridurne i difetti, possono essere utilizzati degli additivi come carbone di mare, amido, asfalto e distillati di petrolio. Il carbone di mare è un carbone bituminoso altamente volatile che è finemente macinato, miscelato e scaldato con le sabbie dello stampo per aiutare a prevenire i difetti nella fusione del metallo.

Quando si esegue la colata di metallo nello stampo durante il processo di fusione, i primi pezzi creati sono i modelli (Figura 3-1).

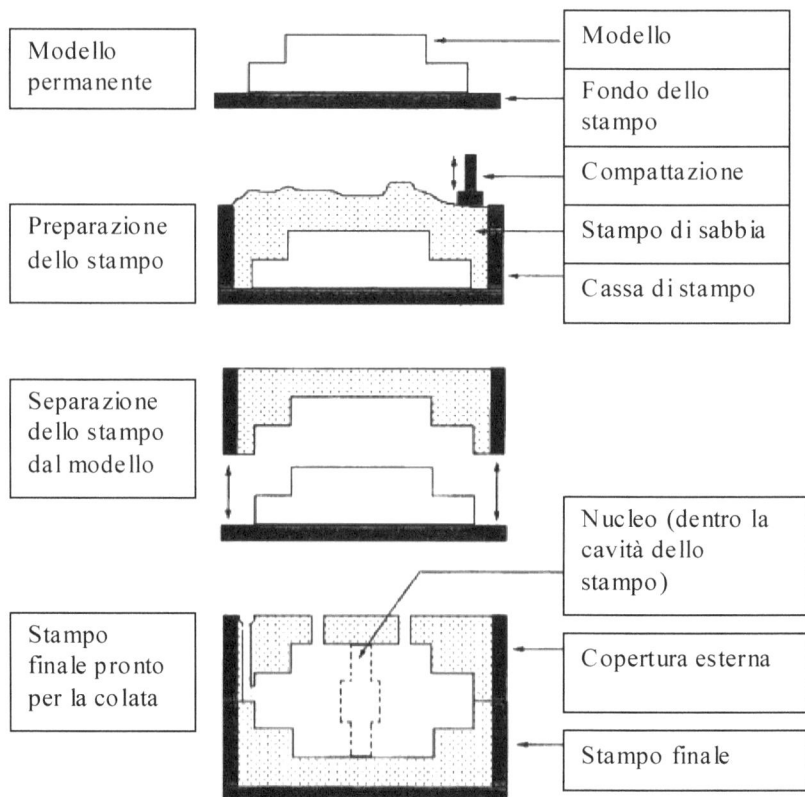

Figura 3-1 Creazione degli stampi per le colate di materiali metallici

I modelli sono usualmente composti da due parti, corrispondenti alla cima e al fondo dello stampo. Il passo successivo è la fabbricazione delle due parti dello stampo. Il contenitore è riempito con sabbia, i pezzi del modello sono posizionati contro la superficie della sabbia, e la sabbia è compattata mediante colpi, compressioni, vibrazione, getti di aria o vuoto. Il modello è poi rimosso, e le due parti dello stampo possono essere chiuse insieme per creare la cavità all' interno della quale è versato il metallo.

Molti stampi permanenti durante il processo di fusione utilizzano sabbie verdi, una miscela di acqua e sabbia utilizzata mentre è ancora umida, e usualmente composta da una combinazione di sabbia riciclata e sabbia vergine. I principali componenti della sabbia verde sono tipicamente miscelati nelle seguenti proporzioni:

- 85-95 % sabbia di quarzo uniforme
- 4-10 % argilla bentonitica
- 2-10 % additivo combustibile
- 2-5 % acqua

Quando il metallo è versato nello stampo e la sabbia raggiunge la temperatura di circa 100 °C, la miscela libera è condotta via e la parte organica volatilizzata. Approssimativamente a 600 °C, l' acqua combinata che costituisce i legami sabbia-argilla e argilla-argilla inizia ad evaporare; a temperature maggiori di 800 °C tutta l' acqua si può considerare ormai evaporata. Dopo che la colata è stata eseguita, la sabbia può essere separata, con meccanismi che scuotono o vibrano, e riciclata: le parti fini sono rimosse, i grumi di sabbia vengono rotti, il metallo rimanente viene rimosso e la sabbia è riportata alla riserva del sistema di sabbie. Viene in questo modo riciclato un 90-95 % di sabbia per ogni colata.

Le cavità interne permanenti sono create posizionando nuclei di sabbia nelle posizioni appropriate all' interno della cavità dello stampo prima di versare il metallo fuso. Le parti del nucleo sono fatte esclusivamente da sabbia vergine; questo perché gli agenti chimici utilizzati come leganti per i nuclei andrebbero a interagire in modo negativo con i legami tra sabbia e argilla.

Il quantitativo di legante utilizzato nella sabbia è determinato in base alla temperatura di fusione e alle prestazioni del legante: troppo legante può provocare dei raggruppamenti, che interferiscono con la richiesta di sabbia e permettono la formazione di un quantitativo eccedente di inquinanti che rimangono nella sabbia spenta; un quantitativo non sufficiente di legante al contrario può provocare una perdita della resistenza necessaria a sopportare il processo di fusione e garantire buone prestazioni.

Sebbene ci siano molte tipologie di leganti chimici, la maggior parte dei leganti utilizzati nelle fonderie ferrose sono delle miscele chimiche organiche. Alcuni tipici leganti includono oli vegetali e di petrolio, silicati di sodio, leganti a base di cellulosa di legno duro, e leganti sintetici come formaldeide di fenolo. Molti di questi leganti utilizzano uno o più leganti chimici e un catalizzatore o un indurente che, una volta aggiunto, facilita la reazione del legante. I leganti organici possono essere suddivisi in tre categorie: preparati a freddo (chiamati anche non cotti), confezionati a freddo e confezionati a caldo.

I sistemi di leganti preparati a freddo utilizzano un catalizzatore liquido e le reazioni avvengono in un locale temperato.

I sistemi di leganti confezionati a freddo utilizzano un catalizzatore gassoso invece del locale temperato.

Le reazioni dei leganti confezionati a caldo avvengono invece alle alte temperature (150-300°C). Alcuni leganti come il Silicato – CO_2 , o i leganti a base di fosfato di allumina sono considerati non inquinanti vista la mancanza di sostanze tossiche volanti create durante la produzione del nucleo e dal processo di fusione.

Terminata la fase di fusione, i nuclei vengono rotti e le sabbie dell' impasto vengono scaricate. Le sabbie così formate sono: WFS o sabbie spente di fonderia, rifiuti solidi di fonderia, rifiuti ricotti e puliti, loppa, ceneri di carbone, polvere dei locali filtri. A seconda del volume, la maggior parte dei rifiuti delle fonderie sono considerati WFS, infatti è stato stimato che di tutti i depositi di rifiuti di fonderia tra il 65 e il 99 % proviene dallo stampo e dal nucleo di sabbia. Di questi rifiuti la parte denominata come sabbia spenta o sabbia di fonderia (WFS) è costituita da:

- una miscela di sabbie (65 ÷ 99 %);
- miscele del nucleo di sabbia (2 ÷ 19 %);
- loppe (0 ÷ 16 %);
- sabbie pulite e macinate (0,5 ÷ 9 %);
- polvere dei rifiuti dei collettori (0 ÷ 11 %).

Una via per promuovere il riutilizzo delle WFS, e ridurne il peso futuro, è di separare la produzione dei rifiuti come parte del processo di controllo di qualità dei rifiuti di fonderia. Per esempio, le polveri dei locali filtri contengono generalmente un' alta concentrazione di metalli rispetto ad altri prodotti di rifiuto.

La separazione di questi può essere così un beneficio perché le polveri dei locali filtri andranno a contribuire con una piccola percentuale sul volume totale delle sabbie di fonderia, eliminando così la maggior parte di agenti inquinanti. Alcune industrie che raccolgono e trattano le WFS, separano i rifiuti in base al metallo fuso a partire dall' origine, e inviano le loppe a trattamenti alternativi, e dispongono controlli solo sui rifiuti inquinanti con alte concentrazioni di metallo.

3.2   Inerte da demolizione e costruzione (C&D)

Nelle diverse fasi del processo edilizio vengono prodotti "rifiuti" o scarti in grande quantità, prodotti durante la costruzione, la ricostruzione, la demolizione e/o la decostruzione di edifici, murature, grandi strutture civili, palificazioni, fognature, sovrastrutture stradali. Un'altra fonte di produzione di inerti da costruzione e demolizione risulta anche la fabbricazione o la prefabbricazione di elementi e componenti delle costruzioni civili (mattoni, piastrelle, pannelli, componenti strutturali, etc.).

Sotto la denominazione di inerti di riciclo in edilizia sono da comprendere quindi anche tutti i materiali di rifiuto o scarto prodotti nei processi di realizzazione, di eliminazione e di trasformazione di opere nel campo dell'edilizia e delle opere civili.

Da questi processi possono derivare:

- calcestruzzo (precompresso o normale)
- cemento e malte varie
- conglomerati e misti bituminosi
- mattoni, tegole e blocchi
- terra
- legname
- carta, cellulosa e polistirolo
- metalli
- plastica
- gesso
- ceramica
- vetro
- amianto
- materiali compositi

- vernici
- materiali per isolamento termico ed acustico.

Di tutti questi materiali possono essere propriamente definiti "inerti", idonei al reimpiego nel campo delle costruzioni civili come aggregati sciolti o legati, solamente quelli che non producano effetti negativi né dal punto di vista dell'efficienza delle parti in cui vengono reimpiegati, né dal punto di vista dei possibili rilasci di sostanze inquinanti.

Per essere convenientemente avviato al reimpiego, il materiale deve essere trattato con una serie di operazioni che possono essere sinteticamente intese come processi successivi di selezione, frantumazione, deferrizzazione, asportazione di materiali leggeri ed omogeneizzazione del prodotto finale.

La parte granulometricamente più grossa del materiale derivante dalle demolizioni edilizie è costituita generalmente da grani litici o da frammenti di laterizi ricoperti parzialmente da malte o da intonaci, presentando così contemporaneamente nuclei compatti e parti friabili, facilmente separabili per azione d'urto o sfregamento. Dal materiale infatti verranno tolti gli inquinanti (vernici, acidi e veleni che sono presenti in quantità molto limitate), i materiali deperibili (legno, carta, fibre, tessili e residui alimentari) e i non inquinanti e non deperibili,come vetro, plastica non cava e metalli ferrosi, dovranno essere presenti in quantità limitata. Inoltre si dovrebbe evitare la presenza anche di elementi piatti, come elementi di mattoni forati e di pavimenti, che non devono essere prevalenti per evitare la formazione di vespai nella posa in opera.

Gli aspetti più importanti dell'inerte C&D devono essere l'omogeneità statistica, la costanza della composizione e della curva granulometrica. Per questo gli impianti di trattamento, in particolare quelli fissi, che risultano più efficaci, sono in grado di realizzare una apprezzabile costanza di composizione del prodotto, ricercando la massima "eterogeneità" di costituzione mineralogica e petrografica, per poter garantire un comportamento prestazionale adeguato.

3.3   Cemento

Esistono diversi tipi di cemento, differenti per la composizione, per le proprietà di resistenza e durevolezza e quindi per la destinazione d'uso. Chimicamente si tratta in generale di una miscela di silicati e alluminati di calcio, ottenuti dalla cottura di marne calcaree, argilla e sabbia. Il materiale ottenuto, finemente macinato, una volta miscelato con acqua si idrata e solidifica progressivamente.

Il cemento è un legante idraulico che mescolato con acqua, produce una pasta facilmente modellabile che nel giro di qualche ora fa presa perdendo la sua iniziale plasticità e successivamente, nel giro di un giorno, indurisce assumendo consistenza e rigidità tali da resistere alle sollecitazioni meccaniche.

Il cemento che verrà utilizzato per confezionare le miscele della nostra sperimentazione è cemento di tipo Portland 32,5 Rck, un cemento che deve garantire una resistenza minima a compressione dopo 28 giorni di stagionatura di 32,5 N/mm^2 (a 7 giorni la resistenza minima è di 16 N/mm^2).

3.3.1   Cemento Portland

Il cemento di tipo Portland è il tipo più utilizzato e diffuso, esso viene utilizzato come legante miscelato con varie pezzature di inerti (sabbia e ghiaia) per ottenere le malte e il calcestruzzo.

Il cemento Portland si ottiene per macinazione del cosiddetto clinker con aggiunta di piccole quantità di gesso biidrato. Il processo di produzione avviene sostanzialmente in tre fasi: preparazione della miscela grezza dalle materie prime, produzione del clinker, preparazione del cemento.

Le materie prime per la produzione del clinker sono fondamentalmente calcari, che forniscono l'ossido di calcio, ed argille, che apportano invece la silice, l'allumina, l'ossido di ferro ed altri ossidi secondari, ottenendo una miscela così definibile:

- ossido di calcio (44%)
- ossido di silicio (14,5%)
- ossido di alluminio (3,5%)
- ossido di ferro (3%)
- ossido di magnesio (1,6%)

La produzione avviene riscaldando la miscela di minerali iniziale in un forno speciale costituito da un enorme cilindro ruotante lentamente, denominato Kiln, disposto orizzontalmente con leggera inclinazione. La temperatura cresce lungo il cilindro fino a circa 1500° C in modo tale che i minerali presenti si aggreghino senza fondere e invece vetrifichino. Nelle diverse sezioni si verificano le seguenti reazioni: nella sezione a temperatura minore il carbonato di calcio (calcare) si scinde in ossido di calcio e biossido di carbonio (CO_2), mentre nella zona ad alta temperatura l'ossido di calcio reagisce con i silicati a formare silicati di calcio (Ca_2Si e Ca_3Si), inoltre si formano anche una piccola quantità di alluminato di tricalcio (Ca_3Al) e alluminoferrite di tricalcio (Ca_4AlFe).

La presenza anche di Al_2O_3, FeO_3, MgO, e degli alcali, avendo un effetto mineralizzante sui silicati di calcio, durante la cottura porta alla formazione della fase liquida del clinker (1300-1350°C) costituita da alluminati e ferroalluminati di calcio. Nella fase liquida si ha, rispetto ad una fase solida, la formazione dei silicati a temperature più basse ed in tempi più brevi, consentendo inoltre l'adesione delle particelle solide tra loro e rendendo possibile la diffusione delle specie ioniche in modo più rapido. Perché questi processi avvengano le materie prime di partenza devono essere finemente macinate e ben miscelate. Il materiale risultante è complessivamente denominato clinker ed è formato principalmente da silicati di calcio, alluminati e ferroalluminati di calcio.

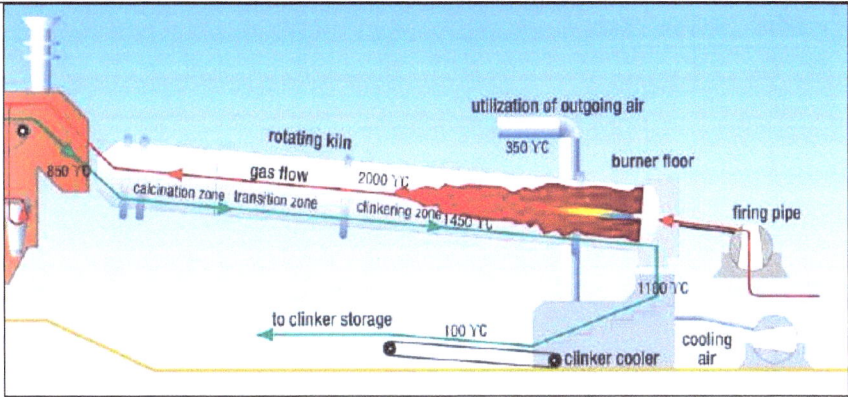

Figura 3-2 Schema di funzionamento di un forno Kiln.

I composti principali, o idrauliti, all'interno del clinker risultano infine quattro:

- $3CaOSiO_2$
- $2CaOSiO_2$
- $4CaOAl_2O_3Fe_2O_3$
- $3CaOAl_2O_3$

Essi vengono in letteratura indicati in genere con:

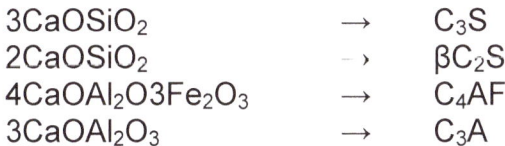

$3CaOSiO_2$	$\rightarrow$	C_3S
$2CaOSiO_2$	$\rightarrow$	βC_2S
$4CaOAl_2O3Fe_2O_3$	$\rightarrow$	C_4AF
$3CaOAl_2O_3$	$\rightarrow$	C_3A

Le formule riportate non vogliono essere esattamente la composizione chimica degli idrauliti, questo perchè tra le impurezze presenti e ognuno degli idrauliti stessi si vanno a formare delle soluzioni solide . Le condizioni di non equilibrio ed elevata temperatura presenti nel forno Kiln creano quindi nelle strutture cristalline molte imperfezioni strutturali, e questo è appunto il motivo che rende gli idrauliti molto reattivi con l'acqua. Il clinker, quindi, è composto dai due silicati di calcio in circa 80% in peso, che sono responsabili dell'indurimento, mentre i due alluminati sono presenti nel restante 20% in peso circa e risultano responsabili del precedente fenomeno della presa.

Trascurando le componenti secondarie, il clinker può essere caratterizzato con tre equazioni principali:

$$pc = 2,8\,ps + 1,18\,pa + 0,65\,pf \qquad (1)$$

$$Ms = \frac{ps}{pa + pf} \qquad (2)$$

$$Mf = \frac{pa}{pf} \qquad (3)$$

L'equazione (1) fissa il valore massimo della percentuale di calce (*pc*) che si può combinare con gli altri ossidi (*ps* percentuale di silice; *pa* percentuale di ossido di alluminio; *pf* percentuale di ossido di ferro). L'eventuale presenza di calce libera può dare luogo alla formazione, durante l'idratazione del cemento, di bottaccioli o calcinaroli, ovvero di granuli di calce molto densa e ben sinterizzata che si idratano molto lentamente dando però luogo ad un consistente aumento di volume.

L'equazione (2) rappresenta invece il cosiddetto modulo silicico, ed è generalmente compreso fra 2 e 3, in modo da avere una adeguata presenza di ossidi di ferro e di alluminio per abbassare la temperatura di cottura, ma anche una adeguata quantità di silicati per l'acquisizione della resistenza meccanica.

L' equazione (3) fissa il modulo dei fondenti, che normalmente è compreso fra 2 e 4.

3.3.2   Fenomeni di idratazione del cemento Portland

A seguito del contatto tra la polvere cementizia e l'acqua si innescano una serie di reazioni chimiche le cui conseguenze sono i fenomeni di presa ed indurimento del cemento. Per idratare completamente il cemento, da punto di vista stechiometrico, servirebbe un quantitativo d'acqua pari almeno al 25% in peso. Nella realtà per una pasta lavorabile si arriva al 30-35%, e questo valore può essere ancora superiore quando vengano aggiunti sabbia, per ottenere la malta, oppure sabbia e aggregati, per ottenere il calcestruzzo, fino ad arrivare ad avere un rapporto acqua/cemento di 0,4-0,5 per le malte e 0,8 per il calcestruzzo.

L'idratazione del cemento è un fenomeno graduale che va ad iniziare sulla superficie del granulo di cemento in contatto con l'acqua e si propaga poi all'interno del singolo granulo. Chiaramente l'idratazione dei quattro idrauliti avviene contemporaneamente, ma per praticità considereremo le reazioni dei silicati in modo separato da quelle degli alluminati per comprendere meglio quanto avviene.

Con l'idratazione del C_3S e βC_2S si producono vari tipi di silicati, differenti per il contenuto di acqua combinata e per il rapporto di silice ed ossido di calcio, anche se simili dal punto di vista strutturale:

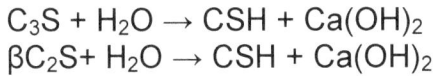

$$C_3S + H_2O \rightarrow CSH + Ca(OH)_2$$
$$\beta C_2S + H_2O \rightarrow CSH + Ca(OH)_2$$

Per quanto riguarda la velocità di idratazione, il C_3S è molto più veloce del βC_2S, perciò la resistenza meccanica del cemento aumenta con il suo contenuto di C_3S, e questo soprattutto per quanto riguarda le brevi stagionature.

La reazione del C_3A con l'acqua risulta pressoché istantanea, ed è necessario rallentarla con il gesso biidrato in funzione di regolatore di presa, altrimenti si avrebbe la rapida produzione di alluminati idrati di calcio, che in realtà non giocano un ruolo importante nell'incremento di resistenza meccanica, però hanno lo svantaggio di far diminuire la plasticità iniziale dell'impasto e provocano il fenomeno cosiddetto della "presa rapida", ovvero un rapido aumento di rigidità iniziale. Per questo nella miscela macinata del clinker viene aggiunto anche una modesta quantità di gesso biidrato.

L'idratazione del C_3A in presenza di gesso avviene in maniera molto particolare e totalmente diversa dalla reazione senza il regolatore di presa: si formano piccoli cristalli di prismatici di ettringite secondo la reazione:

$$C_3A + 3CaSO_4 2H_2O + 26H_2O \rightarrow C_3A 3CaSO_4 32H_2O$$

Attorno ad ogni singolo grano si crea una pellicola di ettringite che va a rallentare la reazione di idratazione del C_3A e fa in modo che l'impasto resti lavorabile per il tempo necessario alla posa in opera.

Dopo circa 24 ore l'ettringite diventa instabile in assenza di gesso, che si è quasi del tutto consumato, e inizia a reagire con gli alluminati idrati (CAH) formati dall'idratazione dell'alluminato tricalcico con l'acqua e calce, trasformandosi in monosolfoalluminato $C_3ACaSO_412H_2O$. L'ettringite, quindi, risulta una sostanza la cui presenza è solo transitoria.

Figura 3-3 Cristalli di ettringite

Il gesso biidrato viene utilizzato come regolatore di presa anche per l'idratazione del C_4AF che presenta un comportamento analogo al C_3A.

Quando avviene l'idratazione l'acqua dell'impasto diventa satura di ioni (Ca^{++}, Na^+, K^+, SO_4^{--}, OH^-), le reazioni fino a qui esposte avvengono contemporaneamente e, quindi, tendono ad interferire tra loro. I primi cristalli che si formano e che precipitano sono quelli di ettringite. La formazione dell'ettringite è ostacolata dalla presenza di idrato di calcio formatosi per idratazione dei silicati, e si viene quindi a formare un precipitato colloidale sul C_3A e sul C_4AF che va a ritardarne l'idratazione. Si formano poi alcuni cristalli laminari dei vari alluminati idrati, e si ha la formazione di cristalli esagonali di idrato di calcio. In seguito si ha quindi la precipitazione di cristalli fibrosi di CSH. In

- 42 -

tal modo si creano, quindi, la presa (in qualche ora) e il progressivo indurimento (dopo un giorno).

3.3.3 Microstruttura della pasta di cemento Portland

CSH: si produce dall'idratazione dei silicati di calcio, esso costituisce il 50-60% del volume della pasta di cemento completamente idratata. Essendo il costituente principale determina le proprietà del cemento, soprattutto quelle meccaniche. Ha una struttura morfologica abbastanza variabile tra una bassa cristallinità e una struttura reticolare. Per questo viene indicato anche come gelo CSH o gelo tobermoritico. Presenta una struttura a strati in cui si hanno dei sottili fogli dello spessore di due o tre strati molecolari con interposto uno strato monomolecolare d'acqua, che sono soggetti a raggrinzirsi e saldarsi gli uni con gli altri. La sua azione legante risiede nell'enorme sviluppo superficiale e nell'elevato valore dell'energia superficiale.

Figura 3-4 Struttura del CSH.

Ca(OH)$_2$: viene anche detta Portlandite costituisce il 20-25% del volume della pasta di cemento completamente idratata.

Presenta una stechiometria ben definita e quindi forma grossi cristalli regolari di forma esagonale.

CAH: sono i composti di idratazione del C_3A e del C_4AF, essi occupano il 15-20% del volume della pasta di cemento idratata, ma influenzano in modo poco significativo le caratteristiche della pasta stessa.

Figura 3-5 Struttura del CAH.

Pori: oltre ai solidi nella pasta di cemento idratata sono presenti dei vuoti di diverso tipo, che influenzano in modo molto significativo le proprietà meccaniche e di durabilità della pasta. Sono classificati in base alle loro dimensioni:

- pori del gelo: spazi tra gli strati del CSH, delle dimensioni di qualche decina di nanometri.
- pori capillari: spazi non riempiti dalle componenti solide della pasta di cemento idratata di dimensioni tra i 0,01 e i 6 µm.
- vuoti d'aria: microbolle di 50-500 µm e cavità di 2-4 mm.

I pori del gelo non hanno una significativa influenza sulla resistenza meccanica e sulla durabilità, tuttavia l'acqua nei pori del gelo e capillari può avere un ruolo nel ritiro e nei fenomeni di creep della pasta di cemento. Il volume dei pori capillari Vp [l/100Kg di cemento] risulta determinato in base alle condizioni iniziali dei granuli di cemento anidro, e, secondo la teoria di Powers dipende dal rapporto A/C e dal grado di idratazione α:

$$Vp = 100\frac{A}{C} - 36,15\alpha$$

I vuoti d'aria sono invece i principali responsabili della perdita di resistenza a compressione del cemento idratato.

Acqua: la pasta di cemento è in costante rapporto con l'umidità ambientale, in funzione della sua porosità, ed è in grado di trattenere grandi quantità d'acqua. L'acqua trattenuta può essere così suddivisa:

- Acqua capillare: è quella che risulta contenuta nei pori capillari. Viene considerata acqua libera quella contenuta nei pori di maggiori dimensioni (tra 50 nm e 6 μm), perché la sua rimozione non crea variazioni di volume, mentre quella trattenuta con la tensione capillare nei pori più piccoli (tra 10 nm e 50 nm) può dare luogo a contrazioni di volume.
- Acqua adsorbita: è quella fisicamente trattenuta sulle superfici dei solidi della pasta indurita dalle forze attrattive, la sua perdita causa il fenomeno del ritiro della pasta indurita.
- Acqua interstratica: è quella presente nella struttura del CSH in forma di strato monomolecolare. Viene rimossa solo in caso di fortissima essiccazione e quindi nelle normali escursioni termiche non provoca ritiro.
- Acqua combinata: è quella chimicamente legata ai prodotti di idratazione della pasta cementizia. Essa viene rilasciata solo per riscaldamento a forti temperature, per esempio in caso di incendio.

3.3.4   Resistenza meccanica del cemento Portland

Il componente che più di ogni altro contribuisce alla resistenza meccanica della pasta di cemento indurita risulta il CSH. I cristalli di CSH hanno infatti una enorme area superficiale, essendo molto piccoli, e, tramite le forze di Van der Waals, sviluppano una enorme adesione tra i cristalli stessi ed anche con altri solidi come idrossido di calcio, grani di clinker anidri, particelle di aggregati e le armature del calcestruzzo armato. Una più elevata resistenza meccanica si ha quindi nei cementi con elevati quantitativi di C_3S e βC_2S.

Il CSH formatosi inizialmente sulla superficie dei granuli di cemento va ad interferire con l'idratazione dei nuclei dei granuli stessi, per questo motivo la resistenza meccanica dell'impasto cementizio si sviluppa inizialmente in modo molto rapido e successivamente continua sempre più lentamente rallentando.

La resistenza meccanica dopo 3 giorni è circa il 30% di quella caratteristica a 28 giorni, dopo 7 giorni risulta il 60% circa di quella a 28 giorni, e dopo un anno aumenta ancora del 20-40% rispetto a quella caratteristica.

I fattori che influiscono sulla resistenza meccanica sono:

- la finezza del cemento, più è fine più la velocità di idratazione aumenta e più velocemente si sviluppa la resistenza meccanica;
- la temperatura, più bassa è, più la reazione di idratazione risulta rallentata;
- eventuali additivi acceleranti o ritardanti;
- il rapporto acqua/cemento, che determina la formazione della porosità capillare. Il volume dei pori capillari aumenta all'aumentare del rapporto acqua/cemento (A/C) secondo l'equazione $Rc = K\left[Vs/(Vp+Vs)\right]^n$ dove Vs è il volume del cemento idratato, n è una costante che vale circa 3, K è una costante che vale 250 Mpa.

3.4   Acqua

L'acqua ha l'importante funzione di idratare in cemento, deve essere limpida e non contenere sali in percentuali dannose. Praticamente tutte le acque naturali normali possono essere usate per i calcestruzzi e in casi di necessità anche l'acqua di mare; sono escluse invece le acque degli scarichi industriali e civili, acque che contengono zucchero, oli e grassi. Per le acque torbide è ammesso un limite di torbidità di due grammi per litro.

Per determinare la reazione di idratazione del cemento (fenomeno di presa) è sufficiente che l'acqua e il cemento siano miscelati con un rapporto 3:1. L'eccesso di acqua risulta particolarmente dannoso, perché provoca una diminuzione della resistenza, l'aumento del ritiro del calcestruzzo che determina fessurazioni nella massa, con gravi conseguenze per l'impermeabilità delle strutture, il dilavamento del cemento e vi è la possibilità che si creino le condizioni per la separazione degli inerti che tendono a stratificarsi in base al loro peso specifico alterando completamente le caratteristiche del calcestruzzo.

La notevole riduzione di resistenza del calcestruzzo è dovuta al fatto che la quantità di acqua in eccesso resta nell' impasto ed evaporando lascia dei vuoti. La resistenza del calcestruzzo infatti è legata al rapporto acqua/cemento (A/C) secondo la relazione

$$Rc = K[Vs/(100A/C - 36,15\alpha + Vs)]^n$$

Dove Vs è il volume del cemento idratato, n è una costante che vale circa 3, K è una costante che vale 250 Mpa, α è il grado di idratazione cioè la frazione di cemento idratato. Si nota che, quindi, un lieve aumento del rapporto acqua/cemento porta ad una notevole diminuzione della resistenza.

4. Miscele cementizie con sole sabbie di fonderia

4.1 Descrizione delle principali prove

Vengono riportati i procedimenti di prova delle principali prove eseguite per la determinazione del comportamento fisico e meccanico delle miscele.

Le prove effettuate sono state:

- Analisi granulometrica (UNI EN 933-1/1999)
- Determinazione del contenuto ottimo di acqua (UNI EN 13286-2/2004)
- Indice di portanza C.B.R. (EN 13286-47/2006)
- Resistenza a compressione (3,7,28,90 gg) EN 13286-41/2006
- Resistenza a trazione indiretta (3,7,28,90 gg) EN 13286-42/2006
- Modulo elastico secante a compressione (UNI 6556/76)

4.1.1 Analisi granulometrica
UNI EN 933-1/1999

La determinazione della distribuzione granulometrica avviene utilizzando la serie di setacci prevista dalla norma UNI EN 933-1/1999.

L' analisi granulometrica di una terra è l' insieme delle operazioni che si eseguono per determinare la distribuzione percentuale in peso dei grani secondo le loro dimensioni. Si può eseguire questa prova su aggregati di origine naturale o artificiale fino ad una dimensione di 63 µm (0,063 mm), escluso il filler.

La prova consiste nel dividere, tramite una serie di setacci, il materiale dividendolo in classi granulometriche decrescenti.

Apparecchiatura di prova

L' apparecchiatura necessaria per eseguire la prova consiste in:

- Setacci tipo EN, secondo quanto previsto dalla UNI-EN 933-2, le cui dimensioni sono di seguito riportate in mm: 0,063 – 0,125 – 0,250 – 0,500 – 1 – 2 – 4 – 8 – 16 – 31,5 – 63 – 125

- Stufa ventilata, regolata tramite un termostato che mantiene la temperatura di 110 ± 5 °C, purchè non vari la granulometria della miscela;
- Bilance con accuratezza pari a ± 0,1% della massa del campione di prova;
- Setacciatrice meccanica (facoltativa).

Esecuzione della prova

La prova può essere eseguita per via umida o per via secca, si riporta in questa sede perciò soltanto il metodo utilizzato nella nostra sperimentazione, ovvero per via secca.

Setacciatura per via secca:

Si versa il materiale lavato ed essiccato, o direttamente il campione essiccato, nella colonna dei setacci (sovrapposti in senso decrescente di maglia verso il basso) alla quale è aggiunto un coperchio sul fondo. Qualora si voglia eseguire il lavaggio, il setaccio di prova 63 μm deve fare parte della colonna di setacci.

Si agita la colonna tramite un movimento rotatorio sussultorio manualmente o meccanicamente.

Si rimuovono uno per uno i setacci (cominciando da quello con maglia più grande) e si va a determinare la massa del trattenuto ad ogni setaccio espressa come percentuale della massa essiccata d' origine M_1.

Espressione dei risultati

La percentuale del passante viene ottenuta dalla formula:

$$f = \frac{(M_1 - M_2) + P}{M_1} 100$$

f = percentuale delle particelle fini che passano attraverso il setaccio da 0,063 μm;
M_1 = massa essiccata della porzione di prova in [kg];
M_2 = massa essiccata del trattenuto al setaccio di 63 μm in [kg];

P = massa del passante che rimane nel recipiente di fondo in [kg].

I risultati ottenuti vengono quindi rappresentati in un grafico, mediante la curva granulometrica, che rappresenta sull' asse delle ordinate il percentuale cumulativo del passante e il percentuale cumulativo del trattenuto mentre su quello delle ascisse l' apertura della maglia quadrata dei setacci in mm.

4.1.2   Determinazione del contenuto ottimo di acqua
UNI EN 13286-2/2004

La normativa di riferimento per la determinazione del contenuto ottimo di acqua è la UNI EN 13286-2/2004. Si riportano nel seguito i punti salienti di tale normativa per determinare il contenuto ottimo d'acqua della miscela in esame.

Questa normativa specifica i metodi di prova per la determinazione del rapporto fra il contenuto idrico e la densità secca delle miscele non legate e legate con leganti idraulici dopo il consolidamento di tipo Proctor. Il metodo Proctor permette una valutazione della densità della miscela che può essere realizzata nei cantieri e fornisce un parametro di riferimento per valutare la densità allo stato compresso della miscela.

Vengono descritte sei tipologie di consolidamento simili, ciascuna con le variazioni procedurali dovute alla misura della particella massima del miscela, la quantità richiesta di campione e la misura dello stampo. Si riportano nel seguito solo i dispositivi utilizzati nel nostro caso.

Apparecchiatura di prova
   - Stampo cilindrico per il test: le dimensioni sono riportate in tabella 4-1.

Stampo Proctor	Diametro d1 [mm]	Altezza h1 [mm]	Spessore [mm]	
			Parete w	Base d'appoggio t
B	150,0±1,0	120,0±1,0	9,0±0,5	14,0±0,5

Tabella 4-1 dimensioni stampo cilindrico Proctor

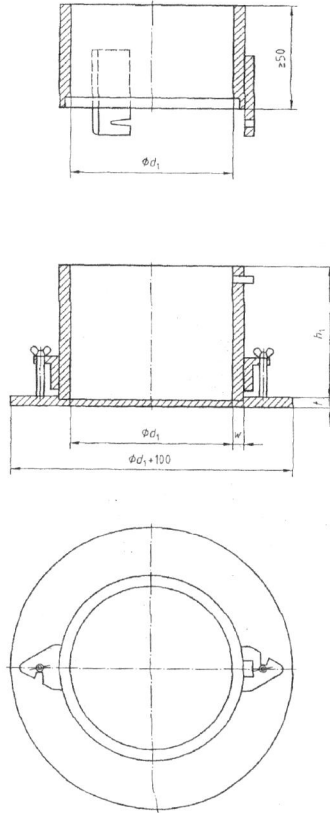

Figura 4-1 Stampo Proctor

- Consolidamento: si ottiene con un pestello che cade liberamente su una parte definita della superficie superiore della miscela nello stampo. I requisiti essenziali del pestello sono riportati nella tabella 4-2.

Pestello	Requisiti essenziali		
	Massa pestello mR kg	Diametro di base d2 mm	Altezza di caduta h2 mm
B	4,50 ± 0,04	50,0 ± 0,5	467 ± 3

Tabella 4-2 requisiti del pestello

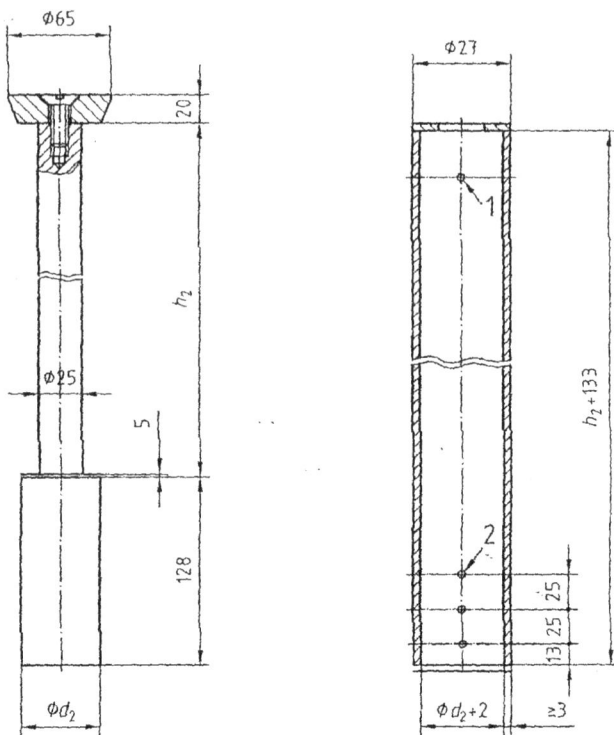

Figura 4-2 Esempio di pestello e dispositivo di guida

- Piastra di acciaio: conforme a valori in tabella 4-3.

Stampo Proctor	Diametro d3 mm	Spessore S2 mm
B	d1 – 0,5	10,0 ± 0,1

Tabella 4-3 dimensioni piastra d'acciaio

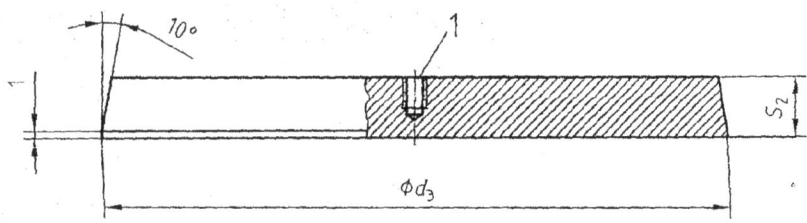

Figura 4-3 Esempio di piastra

- Setacci: conformi a EN 933-2.
- Bilancia: con precisione dello 0.1 % della massa del campione.
- Vassoio di miscelazione in metallo o plastica resistente alla corrosione: con i lati profondi circa 80 millimetri, di un formato adatto alla quantità di materiale che deve essere usato.
- Spatola, pala o attrezzo simile
- Righello di Acciaio, di lunghezza 200 mm o più; una faccia sarà smussata se è più spessa di 3 mm.
- Dispositivo per la determinazione del contenuto dell'acqua: conforme a EN 1097-5.
- Calibro di profondità: con precisione di 0.02 mm.
- Miscelatore: con un volume di almeno 0.01 m

Esecuzione della prova
Test di tipo Proctor modificato per miscele compattate con un pestello da 4.5 kg (C) nello stampo Proctor grande B

Per assicurare lo sforzo di consolidamento si utilizza un pestello da 4.5 kg con altezza di caduta pari a 457 mm e il provino viene consolidato in cinque strati. Il consolidamento della miscela avviene nello stampo Proctor B.

Si pesa lo stampo Proctor B con la piastra di base collegata e si registra la massa come m_1.

Si collega l'estensione allo stampo e si colloca lo stampo su una base solida, per esempio un pavimento in calcestruzzo o un plinto. Si lubrifica la faccia interna dell'estensione.

Per uno dei campioni preparati, si colloca una quantità di miscela umida nello stampo tale che, quando sarà compresso, occupi un quinto dell'altezza dello stampo. Applicare 56 colpi con il pestello da 4.5 kg (B) fatto cadere da un'altezza di 457 mm al di sopra della miscela. Distribuire uniformemente i colpi sopra la superficie ed assicurare che il pestello cada liberamente.

NOTA: Un metodo per assicurare che i colpi siano uniformemente applicati sopra la superficie dello strato è applicare 8 serie di 7 colpi. Nella serie di 7 colpi, 6 sono bene distribuiti sopra la superficie, ed un colpo finale è applicato al centro.

Si ripete la procedura altre quattro volte, in modo che l'ammontare di miscela usata sia sufficiente a riempire il corpo di stampo; la superficie non deve uscire più di 10 mm dal margine superiore dello stampo.

Si toglie l'estensione, si leva la miscela in eccesso e si livella la superficie compressa della miscela nello stampo usando il righello. Si pesa la miscela e lo stampo con la piastra di base e si registra la massa come m_2. Si toglie la miscela compressa dallo stampo e si determina il contenuto d'acqua w in conformità a EN 1097-5.

Si esegue il test di consolidamento su ciascuno dei rimanenti campioni preparati come descritto in precedenza, si consigliano 5 provini o in alternativa 3 se la miscela è bene conosciuta. Il contenuto d'acqua sarà tale che il contenuto dell'acqua ottimo, a cui si otterrà la densità massima , cada vicino a metà dei valori.

Espressione dei risultati

I risultati della prova vengono riportati in un diagramma avente in ordinate le densità secche ottenute e in ascisse il contenuto d'acqua corrispondente. Osservando il diagramma sarà possibile individuare un massimo la cui ordinata individua la massima densità secca, e l'ascissa il contenuto ottimo d'acqua.

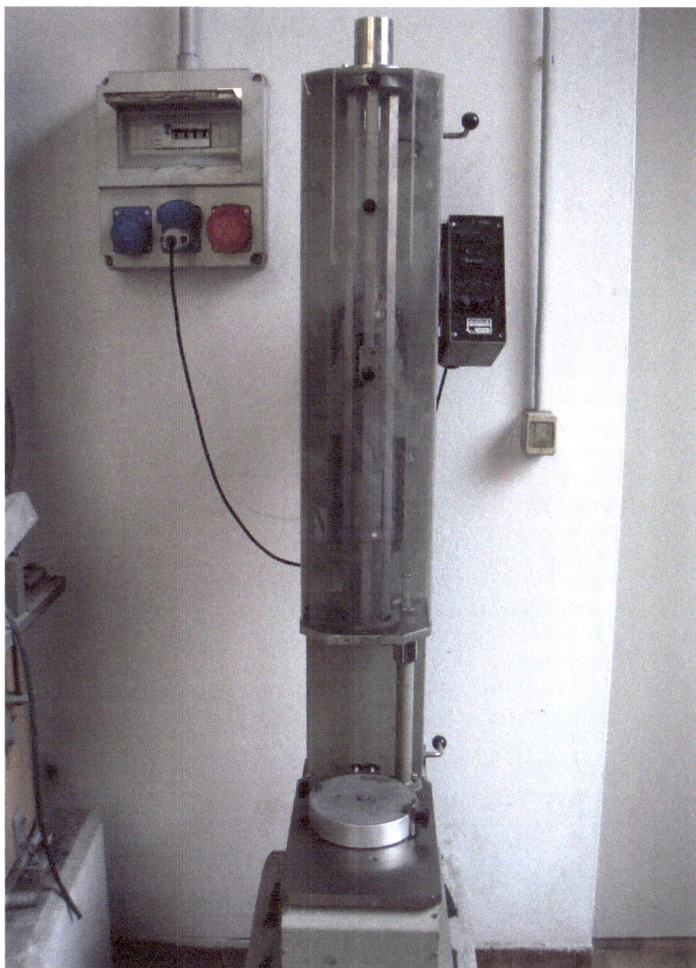

Figura 4-4 Apparecchiatura per il costipamento Proctor

4.1.3   Indice di portanza C.B.R.
EN 13286-47/2006

L'utilizzo della seguente prova è finalizzato sia alla determinazione dell'indice di portanza CBR del materiale oggetto di studio sia alla realizzazione dei provini di miscela mediante costipamento Proctor conforme alla norma UNI EN 13286-2/2006.

La EN 13286-47/2006 specifica i metodi di test per la determinazione in laboratorio dell'indice di portanza Californiana. L' indice di portanza Californiana è il rapporto, espresso in percentuale, fra il carico necessario a far penetrare un pistone di dimensioni normate in un provino di terra e un determinato carico di riferimento basato su il valore dato da una particolare sabbia californiana.

Apparecchiatura di prova
Apparecchiatura di prova per confezionare il campione:

- Uno stampo Proctor B con un appropriato disco spaziatore, conforme alla norma   EN   13286-2;
- Un pestello A o B, conforme alla norma EN 13286-2;
- Una bilancia con accuratezza di ± 0,1 %, con capacità maggiore di 30 kg;
- Attrezzature per determinare il contenuto di acqua, conforme alla norma EN 1097-5;
- Attrezzature per mescolare la miscela, filtri di carta,etc. etc.

Apparecchiatura addizionali di prova per la procedura di immersione e per la misura del rigonfiamento:

- Base piana forata per almeno l' 1 % della sua superficie;
- Attrezzatura per misurare l' espansione verticale del provino con una accuratezza di 0,05 mm;
- Sovraccarico circolare di massa nota pari a 100 g, con diametro interno 53 ± 1 mm e con diametro esterno uguale al diametro interno dello stampo meno 5 mm.

Apparecchiatura addizionali per determinare l' Indice Californiano di Portanza o indice di portanza immediato:

- Pistone cilindrico per la penetrazione con diametro di 50 ± 0,5 mm, di cui la parte terminale dovrebbe essere in acciaio temprato;
- Macchina di carico con capacità non minore di 50 kN, capace di applicare la forza attraverso il pistone con una velocità di 1,27 ± 0,20 mm/min: la macchina dovrebbe essere equipaggiata con un sistema di indicazione di carico che consenta una lettura a 5 kN o meno.

Procedura per determinare l' indice CBR e l' indice di portanza immediato:

- Dopo aver setacciato il materiale al setaccio da 22,4 mm, si dovranno utilizzare approssimativamente 7,5 kg di materiale miscelato con il contenuto d' acqua prescelto.

Preparazione dei campioni per il test d' indice CBR e indice di portanza immediato:

- Si fissa lo stampo e il collare di estensione alla base piana. Si inserisce il disco spaziatore sopra la base piana e su questa il filtro di carta. Si compatta il campione utilizzano sia la procedura Proctor che la procedura Proctor modificata, in accordo con la norma EN 13286-2;
- Dopo la compattazione si rimuove il collare di estensione e si livella il materiale eccedente fino a raggiungere il bordo superiore dello stampo. Eventuali buchi che si possono formare sulla superficie del campione, in seguito alla livellazione, dovranno essere accuratamente sanati con nuovo materiale;
- Si rimuove lo stampo dalla base piana e dal disco spaziatore e si pesa lo stampo e la miscela in esso contenuta con una accuratezza di 5 g.

Preparazione dei provini

<u>Generale</u>:

Il periodo di maturazione tra il confezionamento del campione e l' esecuzione della prova consiste nella stagionatura del provino per un tempo determinato e sotto le seguenti condizioni:
- Prevenire l' evaporazione del provino in modo da ottenere una perdita di massa minore del 2 %;
- Permettere la totale immersione del campione.

<u>Prevenzione dell' evaporazione dell' acqua</u>:

Si possono utilizzare i seguenti metodi:
- Stagionatura all' interno di una camera climatica con umidità relativa maggiore del 98%;
- Ricoprire le estremità del campione con cera;
- Posizionare le estremità dello stampo e sigillarle con silicone, ...;

I campioni dovrebbero essere conservati ad una temperatura di $20 \pm 2\ °C$.

<u>Maturazione del provino che consente la sua completa immersione</u>:

- Si posiziona lo stampo sopra una base forata, andando a invertire lo stesso e disponendo sulla superficie dello stesso un elemento forato;
- Al di sopra di quest' ultimo si dispone un sovraccarico;
- Si immerge il tutto in acqua ad una temperatura di $20 \pm 2\ °C$, in modo tale che l' acqua possa penetrare liberamente dalle estremità del campione;
- Se è richiesta la misura dell' espansione verticale si dispone su di un treppiede tale attrezzatura;
- Il livello dell' acqua dovrà essere mantenuto costante per tutta la durata della prova, per almeno 96 ore;
- Al termine di questo periodo si registrerà il rigonfiamento del campione e si rimuoveranno le attrezzature per la prova di immersione;

- Si toglierà il campione dall' acqua e la si lascerà scolare per circa 15 ± 1 min.

Maturazione del campione per prevenirne l' evaporazione in seguito all' immersione:

Tale metodo consiste nell' eseguire quanto descritto al punto precedente ad eccezione del fatto che dopo la maturazione, per prevenire la perdita di acqua, la cera o eventuali tappi alle estremità dovranno essere rimossi dal campione prima di immergerlo in acqua.

Esecuzione della prova

- Si collega la base piana allo stampo in modo tale che la cima originaria del campione sia in contatto con essa mentre il fondo iniziale sia a diretto contatto con il pistone;
- Si posiziona il tutto sulla macchina di prova.
- Si posiziona il sovraccarico forato centralmente sul campione, lo stesso utilizzato durante la prova di immersione;
- Si applica una forza al pistone di:
  - Se l' indice è maggiore del 5 %: 10 N
  - Se l' indice è più grande del 5 % : 40 N
- Si applica il carico al pistone in modo che la sua velocità di penetrazione sia di 1,27 mm/min;
- Si registra il carico di penetrazione con intervalli di 0,5 mm in modo tale che la penetrazione non ecceda i 10 mm;
- Dopo che il test è stato completato, si rimuove il campione dallo stampo e si determina il contenuto medio di acqua dello stesso. Se il campione era stato sottoposto alla prova di immersione il contenuto d' acqua del campione in genere eccede il contenuto d' acqua iniziale.

Espressione dei risultati

Si rappresentano graficamente i valori della forza applicata in ordinata e i corrispondenti valori di penetrazione sulle ascisse e si disegna la curva passante per tali punti. Da tale curva si leggono poi i valori della forza applicata in kN in corrispondenza delle penetrazioni di 2,5 e 5 mm. Si esprimono poi queste come percentuali sulle forze di riferimento, agli stessi valori di penetrazione, di 13,2 e 20 kN rispettivamente.

Il valore percentuale più alto sarà l' indice CBR cercato.

Figura 4-5 Apparecchiatura per la prova CBR

4.1.4   Resistenza a compressione (3,7,28,90 gg)
EN 13286-41/2006

Un campione è soggetto ad una forza di compressione fino a rottura. Il carico massimo sopportato dal campione è registrato ed è calcolata la tensione di compressione.

Apparecchiatura di prova
L' apparecchiatura necessaria per eseguire la prova consiste in una macchina per il test di compressione avente tali caratteristiche:

- La precisione della macchina e l'indicazione di carico sono caratterizzati da valori che oscillano da ± 1 %.
- La macchina avrà due lastre d'acciaio di caricamento con le facce che durezza di Rockwell di almeno 55 HRC per una profondità di circa 5 millimetri. Le lastre di caricamento saranno almeno grandi o preferibilmente più grandi delle facce del provino a cui il carico è applicato. La planarità di superficie delle lastre e delle superfici da cui sono sostenute sarà di 0.03 millimetri o migliore.

Preparazione dei provini
La realizzazione del provino sarà conforme al EN 13286-50, il EN 13286-51, il EN 13286-52 o EN 13286-53. Il tipo di consolidamento e il trattamento del provino sarà dichiarato nella relazione del test.
Nel nostro caso i provini cilindrici sono stati confezionati tramite costipamento all' interno di stampi apribili di dimensioni:

- diametro 150,0 ± 1,0 mm;
- altezza 120,0 ± 1,0 mm;

corrispondenti agli stampi di tipo B per la prova Proctor (UNI EN 13286-2/2004).
Il costipamento del campione è avvenuto utilizzando il metodo Proctor modificato.
In base alla norma UNI EN 13286-50 i provini sono stati poi lasciati stagionare all' interno dello stampo per 24 ore a

temperatura 20 ± 5 °C, successivamente i provini sono stati scasserati e lasciati stagionare, in camera climatica, fino al momento della rottura in aria, a temperatura di 20 ± 2 °C, e con umidità ≥ 95 %, in accordo con quanto prescritto dalla norma UNI EN 12390-2/2000.

Le estremità dei provini devono essere parallele con una tolleranza di 2 ÷ 100 mm.

Esecuzione della prova

Prima di iniziare la prova tutte le superfici di supporto della macchina saranno asciugate e pulite in modo che tutto il materiale estraneo sia rimosso dalle superfici del provino che sarà a contatto con le lastre o le lastre ausiliarie se usate. Il provino sarà compresso sulla lastra più bassa o sulla lastra ausiliaria con un'esattezza del 1 %. Al momento del contatto fra il provino e la lastra superiore, la disposizione della lastra superiore sarà aggiustata attraverso il giunto sferico per realizzare il contatto uniforme fra il provino e la lastra superiore stessa.

Il carico sarà applicato in modo continuo ed uniforme evitando di provocare uno shock in modo che la rottura avvenga tra 30 s e 60 s dal inizio del caricamento. Nelle macchine a compressione manuale si interverrà con una regolazione appropriata dei controlli. Nelle macchine a compressione automatica il caricamento sarà periodicamente controllato per assicurare che si mantenga costante.

La rottura del provino deve avvenire in modo soddisfacente (vedi Figura 4-6 e 4-7).

La forza massima, F, sostenuta sarà registrata e riportata.

Espressione dei risultati

La tensione di compressione è data dalla formula:

$$R_C = \frac{F}{A_C}$$

dove:

R_C: tensione di compressione del campione [N/mm^2];

F: massima forza sostenuta dal campione [N];

A_c: area della sezione trasversale del campione [mm^2].

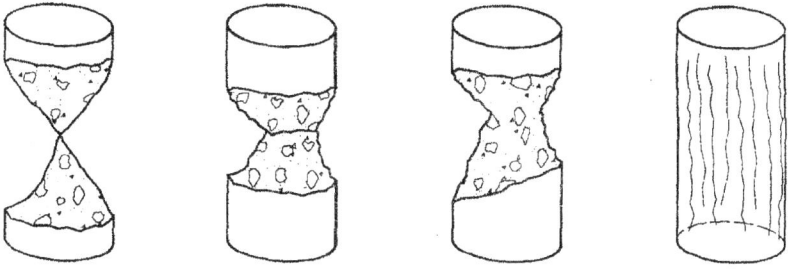

Figura 4-6 Schemi di rottura di tipo soddisfacente dei provini cilindrici

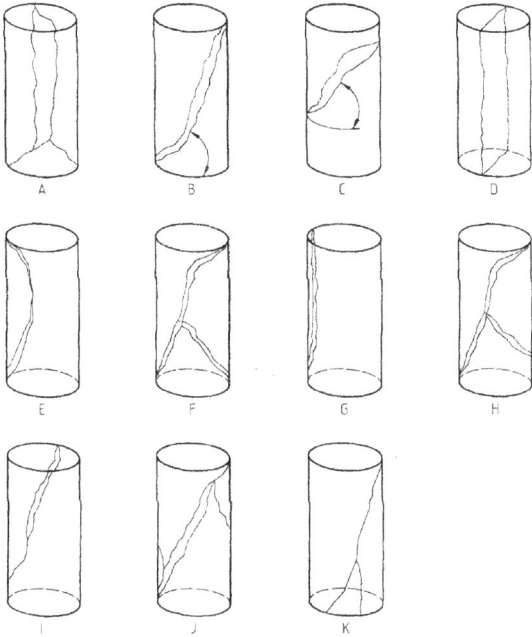

Figura 4-7 Schemi di rottura di tipo non soddisfacente dei provini cilindrici

Figura 4-8 e Figura 4-9

Due momenti della rottura di un provino

4.1.5   Resistenza a trazione indiretta (3,7,28,90 gg)
EN 13286-42/2006

Viene definita resistenza a trazione indiretta lo sforzo che porta alla rottura di un provino cilindrico assoggettato ad una forza di compressione lungo una delle due generatrici (compressione diametrale).

1: Provino
2: nastri di imballaggio
F: Carico

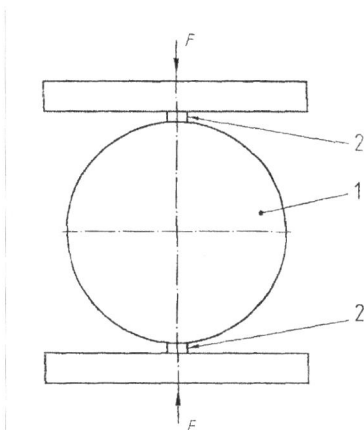

Figura 4-10 Schema di funzionamento della prova di trazione indiretta

Apparecchiatura di prova
L' apparecchiatura necessaria per eseguire la prova consiste in una macchina per il test di compressione avente tali caratteristiche:

- la precisione della macchina e l'indicazione di carico sarà tale che il carico ultimo, F, può essere determinato e può essere misurato con una precisione di ± 1 %;
- le lastre di caricamento saranno almeno grandi o preferibilmente più grandi della lunghezza del provino a cui il carico è applicato.

Preparazione dei provini
La realizzazione del provino sarà conformemente al prEN 13286-50, il prEN 13286-51, il prEN 13286-52 o prEN 13286-53. Il tipo di consolidamento e il trattamento del provino sarà dichiarato nella relazione di test.

Nel nostro caso i provini cilindrici sono stati confezionati tramite costipamento all' interno di stampi apribili di dimensioni:

- diametro 150,0 ± 1,0 mm;
- altezza 120,0 ± 1,0 mm;

corrispondenti agli stampi di tipo B per la prova Proctor (UNI EN 13286-2/2004).

Il costipamento del campione è avvenuto utilizzando il metodo Proctor modificato.

In base alla norma UNI EN 13286-50 i provini sono stati poi lasciati stagionare all' interno dello stampo per 24 ore a temperatura 20 ± 5 °C, successivamente i provini sono stati scasserati e lasciati stagionare, in camera climatica, fino al momento della rottura in aria, a temperatura di 20 ± 2 °C, e con umidità ≥ 95 %, in accordo con quanto prescritto dalla norma UNI EN 12390-2/2000.

Esecuzione della prova

Prima dell'esecuzione della prova le lastre e la superficie dei provini e della macchina saranno puliti. Il provino e le strisce dell'imballaggio saranno situati centralmente sulle lastre o sulle lastre ausiliarie.

La macchina di compressione dovrà poi essere manovrata in modo tale da conseguire il contatto applicando il carico in un modo continuo ed uniforme senza provocare uno shock, per ottenere un aumento uniforme della tensione non più grande di 0.2 N/mm² per secondo.

La forza massima sostenuta F, come nel caso della resistenza a compressione, sarà registrata.

Espressione dei risultati:

La resistenza alla trazione indiretta è data dalla seguente formula:

$$R_{it} = \frac{2F}{\pi HD}$$

Dove:

R_{it}: tensione di trazione indiretta [N/mm^2];

F: massima forza sostenuta dal campione [N];

H: lunghezza del campione[mm];

D: diametro del campione [mm].

Figura 4-11 Apparecchiatura di prova per trazione indiretta

Figura 4-12 e Figura 4-13

Fasi di rottura di un provino durante la prova di trazione indiretta

4.1.6   Modulo elastico secante a compressione
UNI 6556/76

Il modulo elastico è il rapporto tra la tensione σ e la corrispondente deformazione ε misurata nella direzione della tensione. Per taluni materiali, per cui il diagramma sforzi-deformazioni non è rettilineo, si definisce:

- Modulo elastico secante tra due tensioni quello determinato dalla pendenza della secante al diagramma sforzi-deformazioni tra le due tensioni considerate;
- Modulo elastico tangente per una data tensione quello determinato dalla pendenza della tangente geometrica del diagramma sforzi-deformazioni in corrispondenza di quella tensione.

Nella norma in questione si considera la determinazione del modulo elastico secante fra due tensioni dopo un certo numero di cicli di carico (ripetute fino a stabilizzazione); per le proprietà del materiale in esame e per le modalità di prova è opportuno partire da una tensione di base diversa da zero.

Apparecchiatura di prova

- L'apparecchiatura di prova consiste nella macchina di prova, occorrente per l'applicazione e la misura dei carichi applicati e negli strumenti per la misura delle deformazioni.
- La macchina di prova è una pressa di classe 1 le cui caratteristiche e il cui controllo devono corrispondere alla UNI 6686.
- Per la misura delle deformazioni si impiegano adatti estensimetri.

Preparazione dei provini

- I provini confezionati hanno forma cilindrica in accordo con la UNI 6130.
- Per le tolleranze sui provini vedere la UNI 6132.

- La ricerca del modulo elastico va eseguita preferibilmente su almeno 3 provini.
- Secondo il tipo di cemento impiegato e la finalità della prova, le scadenze per l'esecuzione del test devono essere preferibilmente scelte fra le seguenti: 7, 14, 28, 90, 180, 365 giorni.

Esecuzione della prova

- I provini, prima delle prove, devono essere stabilizzati alla temperatura ed all'umidità dell'ambiente di prova, condizioni che devono essere mantenute per tutta la durata della prova.
- Le dimensioni della sezione trasversale dei provini devono essere misurate con precisione di 0,01 mm.
- Per provini cilindrici è consentito l'impiego di 3 estensimetri a 120° fra di loro. I provini devono essere centrati sul piatto inferiore della pressa. La base di misura delle deformazioni non deve superare 1/3 dell'altezza del provino e non deve essere minore di 2 volte le dimensioni massime dell'aggregato. L'amplificazione (vedere UNI 4546) deve essere scelta in relazione alla deformazione prevista per la massima tensione di prova. In relazione alla base di misura e all'amplificazione lo strumento deve consentire le misure delle deformazioni unitarie con soglie di sensibilità pari a 5×10^{-6}.
- La tensione massima di prova deve essere fissata in relazione alle finalità della ricerca o, in mancanza di altre indicazioni, è pari a 1/3 della resistenza a compressione determinata preventivamente alla stessa scadenza su almeno 2 provini aventi le stesse dimensioni di quelli destinati alla misura del modulo elastico secante, confezionati e stagionati nelle identiche condizioni. La tensione massima non deve comunque superare quest'ultimo valore, salvo precisa menzione.
- La tensione di base che, come precedentemente specificato, è bene sia diversa da zero, deve essere fissata pari a circa 1/10 della tensione massima. L'intervallo tra la tensione massima e la tensione di

base viene diviso in tre o più parti uguali, in modo da consentire letture a tensioni intermedie σ_1, σ_2, σ_3...

- La tensione deve essere applicata gradualmente senza scosse fin dall'inizio. Il gradiente di carico deve essere di 24,5±4,9 N/cm^2·s, cioè pari a circa ½ di quello fissato per la determinazione della resistenza a compressione dei calcestruzzi. Uguale gradiente deve essere applicato durante lo scarico.
- La media delle deformazioni delle diverse basi di misura è presa come risultato della misura stessa. I cicli di carico sono ripetuti fino a che lo scarto tra i valori medi delle deformazioni, in due misure successive, non sia maggiore di 10x10^{-6}.
- Alla prima serie fanno seguito le serie di cicli di stabilizzazione alle tensioni σ_2, σ_3...
- Le letture vanno eseguite a strumenti completamente stabilizzati e in ogni caso non prima di 60 secondi dall'istante in cui si è raggiunta la tensione richiesta. Le letture agli apparecchi vanno eseguite nei 30 secondi successivi.
- Per la valutazione del modulo secante è opportuno far riferimento alle letture di ritorno dei cicli stabilizzati. Se la determinazione del modulo è stata effettuata su provini a bassa stagionatura (per esempio 7 giorni), tale determinazione può essere ripetuta a successive stagionature (per esempio 28, 90 giorni) a carichi evidentemente superiori a compimento della ricerca del modulo.

Espressione dei risultati

Il modulo di elasticità secante a compressione E fra due valori di tensione σ_0 e σ_1 è dato da:

$$E = \frac{\Delta\sigma}{\Delta\varepsilon} = \frac{\sigma_1 - \sigma_0}{\Delta\varepsilon}$$

essendo:
- $\Delta\sigma$: intervallo di tensione entro cui si opera;
- σ_1: tensione superiore del ciclo di prova;
- σ_0: tensione di base;

- $\Delta\varepsilon$: variazione unitaria di lunghezza corrispondente a tale intervallo, misurata in fase di ritorno, a cicli completamente stabilizzati.

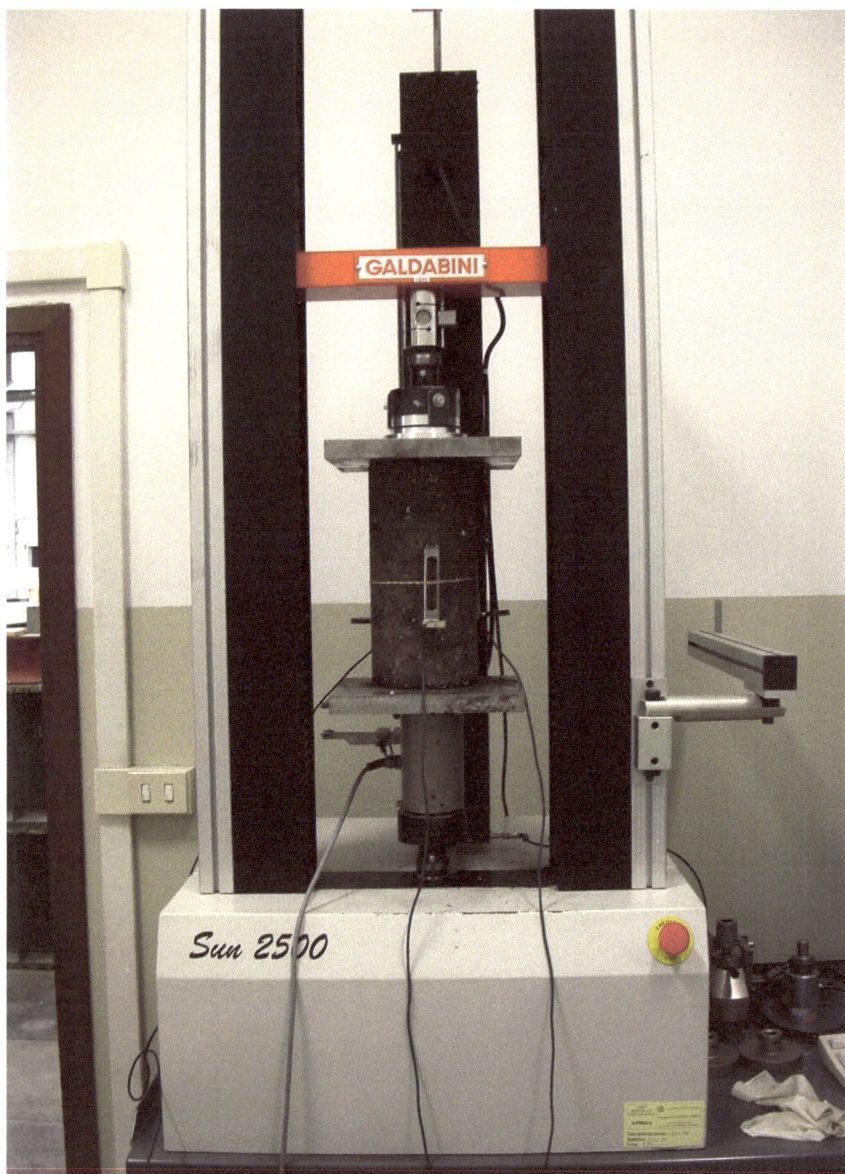

Figura 4-14 Apparecchiatura di prova

4.2   Le prove sulle sabbie di fonderia

4.2.1   Premessa

La sola sabbia di fonderia è stata sottoposta a diverse prove in laboratorio, per determinarne le caratteristiche fisiche e meccaniche.

Le sabbie di fonderia sono state oggetto delle seguenti prove:

Prova	Normativa di riferimento
Analisi granulometrica	(UNI EN 993/1999)
Prova di costipamento	(UNI EN 13286-2/2005)
Indice di portanza C. B. R.	(UNI EN 13286-47/2003)
Massa volumica reale dei granuli	(CNR-BU 64/1978)
Porosità dei granuli	(CNR-BU 65/1978)
Percentuale dei vuoti di aggregati	(CNR-BU 65/1978)
Perdita per decantazione	(CNR-BU 04/1953)
Gelo e disgelo	(UNI EN 1367-1/2001)

Di seguito si riportano i risultati delle prove eseguite ed i relativi commenti salienti.

4.2.2 Analisi granulometrica
UNI EN 993/1999

Passante al setaccio EN	31.5	100 %
	16	97 %
	8	87 %
	4	78 %
	2	73 %
	1	69 %
	0.500	62 %
	0.250	30 %
	0.125	14 %
	0.063	7 %

- Limite liquido (CNR-UNI 10014/64)	23 %
- Limite plastico (CNR-UNI 10014/64)	Non plastico
- Indice di plasticità (CNR-UNI 10014/64)	0 %
- Gruppo di appartenenza (CNR-UNI 10006/63)	A3

Curva Granulometrica EN

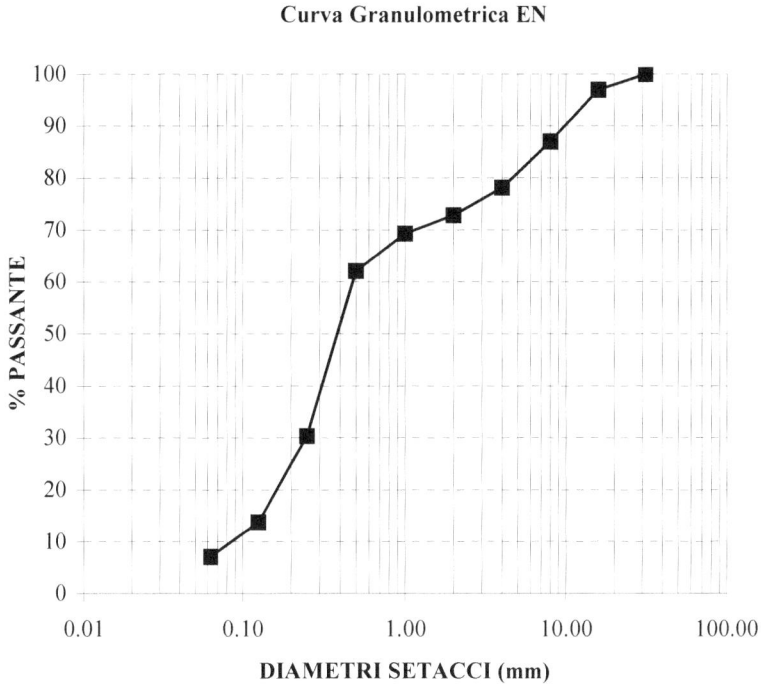

Il materiale presenta una granulometria nel complesso omogenea. Si nota una piccola variazione delle frazioni corrispondenti ai setacci 1-2-4-8 mm. .

4.2.3   Prova di costipamento
UNI EN 13286-2/2005

n. provino	1	2	3	4	5
peso terra umida [g]	31.361	44.151	52.358	39.267	53.293
peso terra secca[g]	28.002	38.987	45.349	33.441	44.815
peso contenuto acqua [g]	3.359	5.164	7.009	5.826	8.478
contenuto acqua [%]	**11.996**	**13.245**	**15.456**	**17.422**	**18.918**
peso terra bagnata + fustella [g]	3786.1	3841.0	3845.4	3840.4	3785.0
peso fustella [g]	1887.0	1887.0	1887.0	1887.0	1887.0
volume fustella [cm3]	939.0	939.0	939.0	939.0	939.0
peso terra bagnata [g]	1899.1	1954.0	1958.4	1953.4	1898.0
peso terra secca [g]	1695.7	1725.5	1696.2	1663.6	1596.1
densità terra secca [g/cm3]	**1.806**	**1.838**	**1.806**	**1.772**	**1.700**

Tipo di costipamento : AASHTO MODIFICATO

PROVA DI COSTIPAMENTO

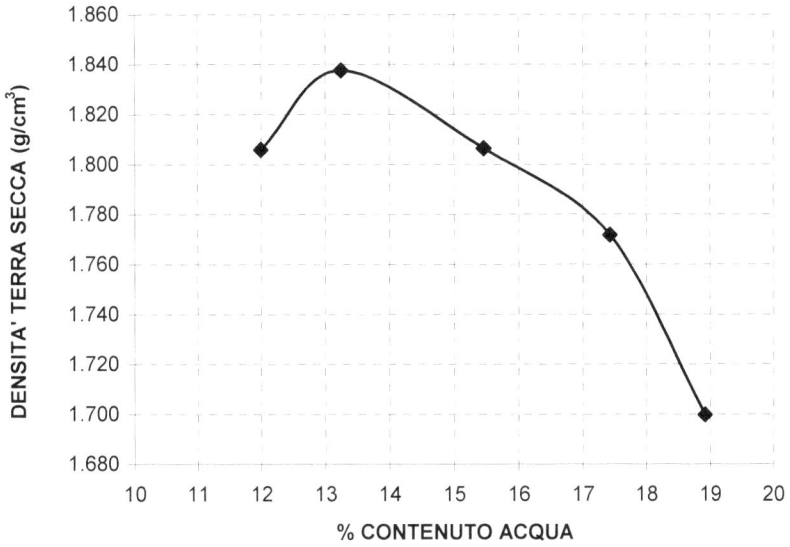

% contenuto acqua ottimo	13.245
Densità terra secca [g/cm^3]	1.838

4.2.4   Prova C.B.R.
UNI EN 13286-47/2003

Penetrazione (mm)	Carico (daN)
0.0	0.00
0.5	181.44
1.0	204.12
1.5	204.12
2.0	226.80
2.5	**226.80**
3.0	249.47
4.0	272.15
5.0	**317.51**
7.0	362.87
9.0	430.91

CBR a 2,5 mm [%]	17
CBR a 5 mm [%]	16

INDICE C.B.R. = 17%

Densità secca di costipamento(g/cm^3)	1.829
Umidità di costipamento (%)	14.05
Rigonfiamento (mm)	0
Umidità post saturazione (%)	17.32

INDICE CBR

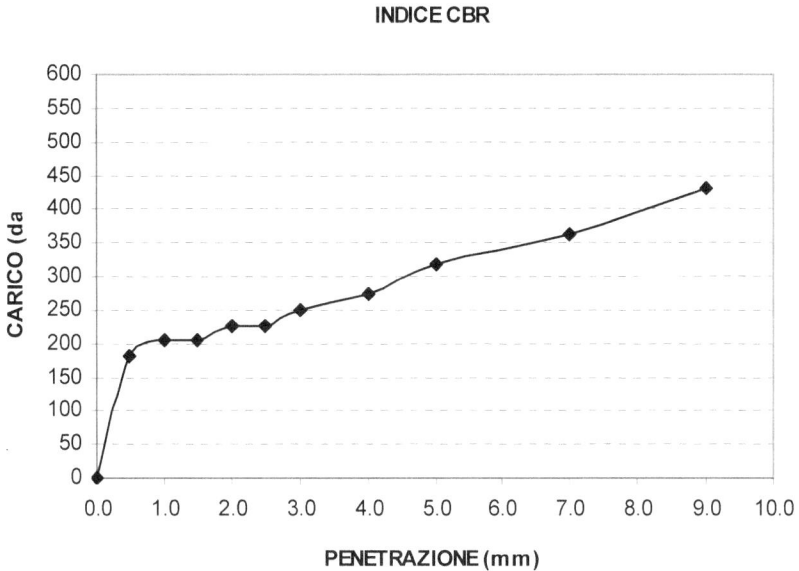

Prova eseguita a 4gg

Utilizzando il valore ottenuto attraverso prova di costipamento Proctor modificato di massima densità secca 1,838 g/cm^3 coincidente con il valore di acqua ottimo 13,245 % si è proceduti all'esecuzione della prova C.B.R. Al fine di garantire una adeguata portanza degli strati della pavimentazione è necessario controllare che l' indice CBR rientri all' interno di limiti stabiliti. Limite minimo per la stabilizzazione di terreni costituenti il piano di appoggio del rilevato è pari a 10 %, mentre deve risultare maggiore di 15 % per gli strati di rilevato, per strati di fondazione in misto granulare pari a 30 %. Dalla prova è risultato un indice CBR per la miscela di sola sabbia di fonderia e acqua pari a 17 %, ma tale valore risulta non rispettare il limite per lo strato in misto granulare previsto dai capitolati d'appalto di riferimento italiani, essendo decisamente più basso.

4.2.5   Massa volumica reale dei granuli
CNR-BU 64/1978

Massa volumica reale dei granuli =   **2.69 g/cm3**

4.2.6   Porosità dei granuli
CNR-BU 65/1978

Porosità granuli =   **2.97 %**

4.2.7   Percentuale dei vuoti di aggregati
CNR-BU 65/1978

Percentuali dei vuoti di aggregati =   **57.47 %**

La percentuale dei vuoti di una sabbia naturale a granulometria uniforme allo stato sciolto risulta normalmente compresa tra 0,40 e 0,50. Confrontando il risultato ottenuto dal campione di sabbia di fonderia emerge che i due materiali considerati hanno una percentuale dei vuoti confrontabile .

4.2.8   Perdita per decantazione
CNR-BU 04/1953

Perdita per decantazione graniglia Ø 2-10 =   **50.50 %**

Da questa analisi sperimentale emerge che il materiale che presenta la granulometria minore (2-10 mm) ha una maggiore perdita per decantazione. Questo è imputabile al materiale stesso che presenta una parte consistente di granuli molti fini che, interagendo con l' acqua di lavaggio, si disciolgono in essa.

4.2.9   Sensibilità al gelo e al disgelo
UNI EN 1367-1/2001

Perdita percentuale di massa =   **16.87 %**

La prova per la determinazione della resistenza al gelo-disgelo, è stata eseguita su di una frazione di materiale passante al setaccio EN 8 e trattenuta al 4 mm come da normativa sebbene il materiale oggetto di studio preso in considerazione nelle precedenti prove fosse tutto passante al setaccio EN 4 mm. Il Capitolato C.I.R.S. prescrive che la sensibilità al gelo per gli strati di fondazione in misto granulare risulti minore di 20, mentre per gli strati di fondazione in misto cementato deve essere minore di 30 .

Dall'analisi emerge che i risultati della prova per il materiale oggetto di studio rispettano tali requisiti.

4.2.10   Indice di appiattimento

Indice globale di appiattimento FI =   **5 %**

La prova è stata eseguita su di una frazione di materiale passante al setaccio EN 31,5 e trattenuta al 4 mm come da normativa, sebbene il materiale oggetto di studio preso in considerazione è tutto passante al setaccio EN 4 mm.

Il limite previsto nel Capitolato C.I.R.S., per gli strati di sottofondo delle miscele provenienti da scarti prevalentemente edilizi o industriali, deve risultare minore del 35 %.

Anche in questo caso i risultati della prova per materiale oggetto di studio sono soddisfacenti.

4.2.11   Indice di forma

Indice globale di forma SI =   **7 %**

La prova è stata eseguita su di una frazione di materiale passante al setaccio EN 16 e trattenuta al 4 mm come da normativa, sebbene il materiale oggetto di studio preso in considerazione è tutto passante al setaccio EN 4 mm.

Il limite previsto nel Capitolato C.I.R.S. all' Art.1 per gli strati di sottofondo delle miscele provenienti da scarti prevalentemente edilizi o industriali, deve risultare minore del 35 %.

L'indice globale di forma determinato in questa sede risulta rispettare tali valori.

4.2.12   Equivalente in sabbia

Equivalente in sabbia SE =   **12 %**

I Capitolati d'appalto di riferimento italiani forniscono valori di riferimento per strati di fondazione in misto granulare maggiori del 50 o 40 % a seconda della tipologia della strada considerata, mentre per strati di fondazione in misto cementato dovrà risultare maggiore di 30 o 60 %. Dall'analisi si nota che i valori per le sabbie di fonderia risultano inferiori, fatto dovuto ad una forte presenza di materiale fine, come già era stato possibile osservare dal risultato della prova di perdita per decantazione.

4.2.13   Resistenza alla frammentazione

Coefficiente Los Angeles LA =   **79 %**

Il Capitolato C.I.R.S. fornisce valori di riferimento per strati di fondazione in misto granulare minori del 30 o 40 % a seconda della tipologia della strada considerata. Per strati di fondazione in misto cementato questo dovrà risultare minore del 30 %. Dall'analisi emerge che le sabbie di fonderia non risultano idonee per la presenza di una consistente parte di materiale frantumabile.

Dal confronto con materiali tradizionali utilizzati in rilevati e sottofondi stradali si è potuto dedurre che le sole sabbie di fonderia, soprattutto considerando il valore dell'indice di portanza C.B.R presentano caratteristiche prestazionali non soddisfacenti per il loro utilizzo in opere stradali come misto granulare.

4.3　Le prove sulle miscele cementizie con sabbie di fonderia

4.3.1　Premessa

La sabbia testata nelle prove precedentemente citate è stata successivamente utilizzata per il confezionamento di miscele cementizie.

Alla sabbia di fonderia è stata quindi aggiunta la quantità ottima d'acqua ottenuta dalla prova di costipamento, e il cemento in varie percentuali (2 - 3 - 4 - 5 %), per ottenere una miscela che, successivamente, è stata sottoposta a diverse prove di laboratorio per determinarne le caratteristiche fisiche e meccaniche.

Le miscele cementizie con sabbie di fonderia sono state oggetto delle seguenti prove:

Prova	Normativa di riferimento
Prova di costipamento	(UNI EN 13286-2/2005)
Indice di portanza C.B.R.	(UNI EN 13286-47/2003)
Resistenza a compressione (3, 7, 28, 90giorni)	(EN 13286-41/2006)
Resistenza a trazione indiretta (3, 7, 28, 90 giorni)	(EN 13286-42/2006)
Prova di modulo elastico dinamico (3,7,28,90 giorni)	(UNI 6556)

Di seguito si riportano i risultati delle prove eseguite ed i relativi commenti salienti.

4.3.2   Prova di costipamento
UNI EN 13286-2/2005

Campione sabbia di fonderia + 2% Cemento 32,5 R$_{ck}$

n.provino	1	2	3	4	5
peso terra umida[g]	18,523	36,089	35,020	31,985	35,121
peso terra secca[g]	16,481	31,645	30,497	27,627	30,155
peso contenuto acqua[g]	2,042	4,444	4,523	4,358	4,966
contenuto acqua[%]	12,390	14,043	14,831	15,774	16,468
peso terra bagnata + fustella[g]	3690,580	3733,281	3743,984	3750,500	3742,000
peso fustella[g]	1887,000	1887,000	1887,000	1887,000	1887,000
volume fustella[cm3]	939,000	939,000	939,000	939,000	939,000
peso terra bagnata[g]	1803,580	1846,281	1856,984	1863,500	1855,000
peso terra secca[g]	1604,751	1618,930	1617,146	1609,596	1592,709
densità terra secca [g/cm3]	1,709	1,724	1,722	1,714	1,696

Tabella 4-4 Risultati della prova di costipamento per la miscela al 2% cemento

Tipo di costipamento : AASHTO MODIFICATO

CURVA CONTENUTO ACQUA DENSITA

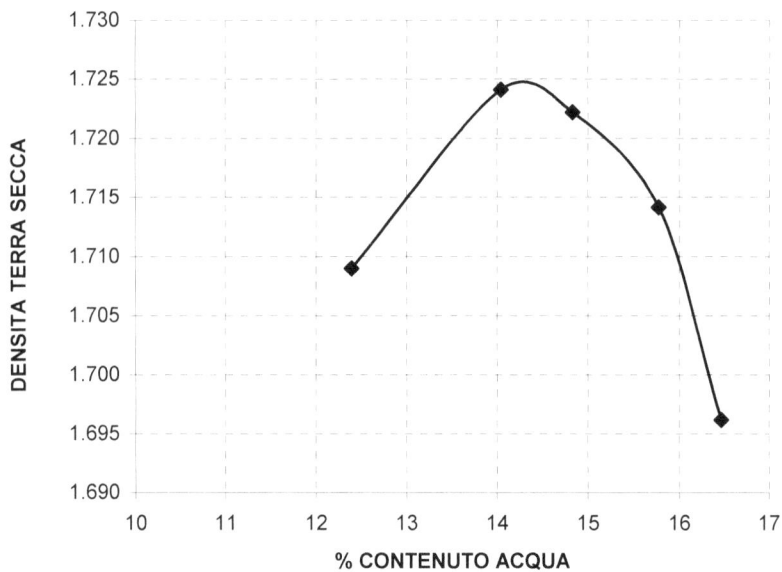

% contenuto ottimo di acqua	14,3
Densità terra secca [g/cm^3]	1,725

Campione sabbia di fonderia + 3% Cemento 32,5 R_{ck}

n.provino	1	2	3	4	5
peso terra umida [g]	33,799	29,501	30,950	30,646	30,779
peso terra secca [g]	29,978	25,868	27,057	26,521	26,528
peso contenuto acqua [g]	3,821	3,633	3,893	4,125	4,251
contenuto acqua [%]	12,746	14,044	14,388	15,554	16,025
peso terra bagnata + fustella [g]	3631,777	3665,480	3670,744	3682,551	3680,100
peso fustella [g]	1887,000	1887,000	1887,000	1887,000	1887,000
volume fustella [cm3]	939,000	939,000	939,000	939,000	939,000
peso terra bagnata [g]	1744,777	1778,480	1783,744	1795,551	1793,100
peso terra secca [g]	1547,528	1559,463	1559,379	1553,867	1545,448
densità terra secca [g/cm3]	1,648	1,661	1,661	1,655	1,646

Tabella 4-5 Risultati della prova di costipamento per la miscela al 3% cemento

Tipo di costipamento : AASHTO MODIFICATO

CURVA CONTENUTO ACQUA DENSITA

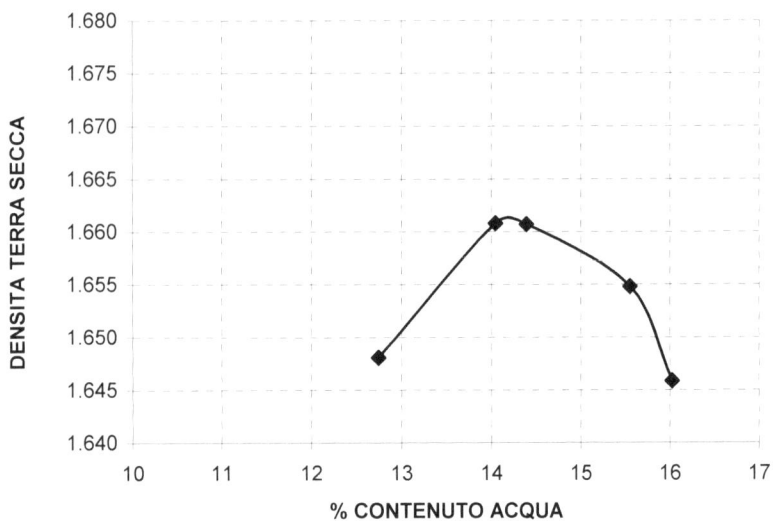

% contenuto ottimo di acqua	14,2
Densità terra secca [g/cm^3]	1,661

Campione sabbia di fonderia + 4% Cemento 32,5 R_{ck}

n.provino	1	2	3	4	5
peso terra umida [g]	32,327	33,593	25,493	28,370	22,391
peso terra secca [g]	28,819	29,474	22,184	24,493	19,299
peso contenuto acqua [g]	3,508	4,119	3,309	3,877	3,092
contenuto acqua [%]	12,173	13,975	14,916	15,829	16,022
peso terra bagnata + fustella [g]	3588,069	3626,898	3640,024	3647,141	3643,835
peso fustella [g]	1887,000	1887,000	1887,000	1887,000	1887,000
volume fustella [cm3]	939,000	939,000	939,000	939,000	939,000
peso terra bagnata [g]	1701,069	1739,898	1753,024	1760,141	1756,835
peso terra secca [g]	1516,476	1526,560	1525,481	1519,602	1514,231
densità terra secca [g/cm3]	1,615	1,626	1,625	1,618	1,613

Tabella 4-6 Risultati della prova di costipamento per la miscela al 4% cemento

Tipo di costipamento : AASHTO MODIFICATO

CURVA CONTENUTO ACQUA DENSITA

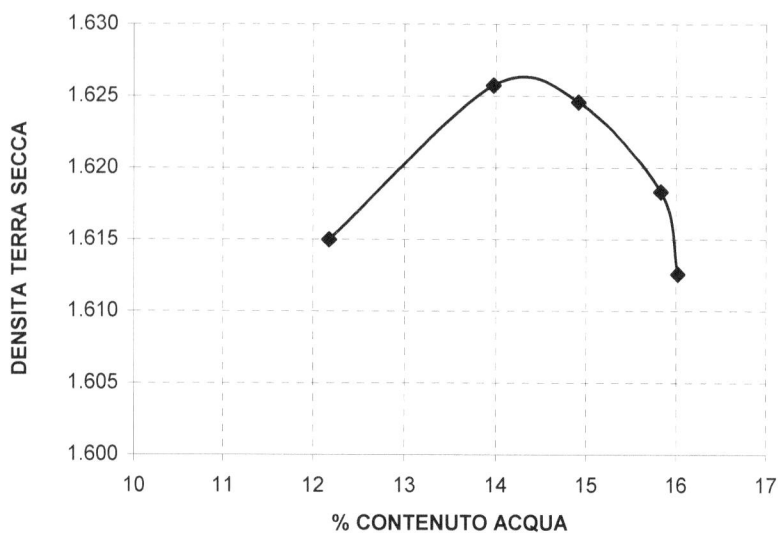

% contenuto ottimo di acqua	14,3
Densità terra secca [g/cm^3]	1,626

Campione sabbia di fonderia + 5% Cemento 32,5 R$_{ck}$

n.provino	1	2	3	4	5
peso terra umida [g]	29,992	31,894	31,023	46,537	29,375
peso terra secca [g]	26,640	28,017	27,058	40,251	25,089
peso contenuto acqua [g]	3,352	3,877	3,965	6,286	4,286
contenuto acqua [%]	12,583	13,838	14,654	15,617	17,083
peso terra bagnata + fustella [g]	3592,900	3617,600	3629,959	3632,200	3636,100
peso fustella [g]	1887,000	1887,000	1887,000	1887,000	1887,000
volume fustella [cm3]	939,000	939,000	939,000	939,000	939,000
peso terra bagnata [g]	1705,900	1730,600	1742,959	1745,200	1749,100
peso terra secca [g]	1515,243	1520,230	1520,194	1509,467	1493,895
densità terra secca [g/cm3]	1,614	1,619	1,619	1,608	1,591

Tabella 4-7 Risultati della prova di costipamento per la miscela al 5% cemento

Tipo di costipamento : AASHTO MODIFICATO

CURVA CONTENUTO ACQUA DENSITA

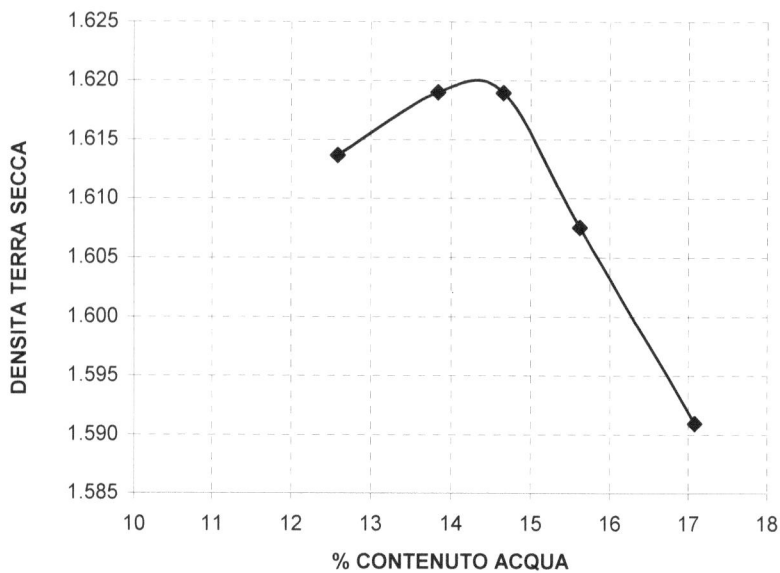

% contenuto ottimo di acqua	14,3
Densità terra secca [g/cm^3]	1,620

4.3.3   Indice di portanza C.B.R.

UNI EN 13286-47/2003

Utilizzando il valore ottenuto attraverso prova di costipamento Proctor modificato di massima densità secca coincidente con il valore di acqua ottimo si è proceduti all'esecuzione della prova C.B.R.. Per garantire una adeguata portanza degli strati di una pavimentazione stradale è necessario che l' indice CBR rientri all' interno di limiti stabiliti. Limite minimo per la stabilizzazione di terreni costituenti il piano di appoggio del rilevato è pari a 10 %, mentre deve risultare maggiore di 15 % per gli strati di rilevato, per strati di fondazione in misto granulare pari a 30 %.

	2% cemento	3% cemento	4% cemento	5% cemento
Densità secca(g/cm3)	1,725	1,661	1,626	1,620
Acqua ottima (%)	14,3	14,2	14,3	14,3
Indice C.B.R. (%)	**48**	**102**	**92**	**150**

Tabella 4-8 Risultati complessivi della prova di determinazione dell'indice CBR

La miscela costituita con sabbie di fonderia presenta valori superiori ai limiti riportati nei principali Capitolati d'appalto di riferimento italiani.

4.3.4   Resistenza a compressione

EN 13286-41/2006

I provini realizzati attraverso metodo di costipamento Proctor modificato sono stati portati a rottura per determinare il valore caratteristico medio di resistenza a compressione.

Nella tabella sottostante sono riportati i risultati della prova di rottura a compressione per le varie miscele

Resistenza (N/mm^2)	2% cemento	3% cemento	4% cemento	5% cemento
3 giorni	1,01	1,09	1,24	1,15
7 giorni	1,48	1,51	1,66	1,64
28 giorni	1,50	1,62	1,67	1,68
90 giorni	2,08	2,12	2,15	2,25

Tabella 4-9 Risultati della prova di rottura a compressione

Nel grafico sottostante viene riportato il confronto di rottura a compressione per le varie miscele:

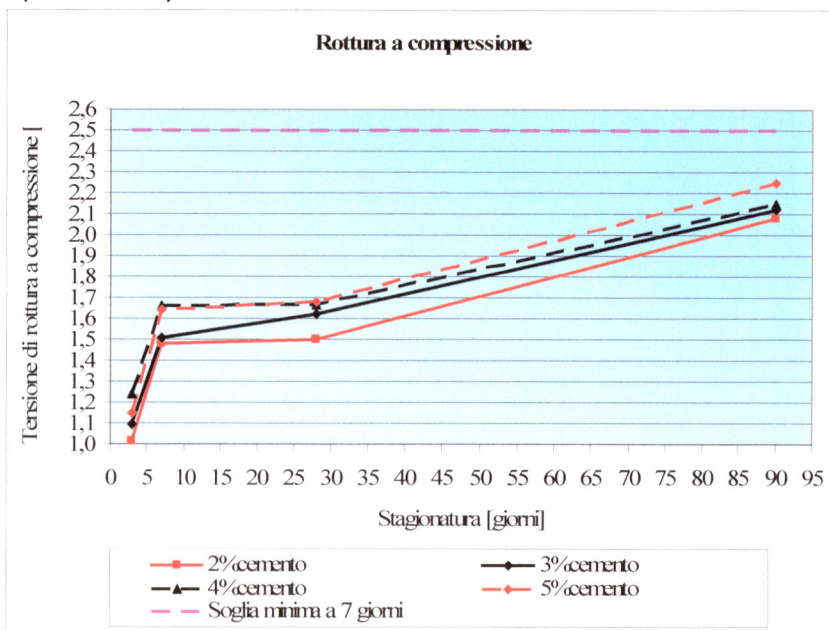

Figura 4-15 Risultati della prova di rottura a compressione

Secondo i Capitolati d'appalto di riferimento italiani. i valori di resistenza a compressione a 7 gg per miscele utilizzate negli strati di fondazione in misto cementato devono ricadere all' interno del seguente intervallo: $2,5 \leq R_c \leq 4,5 \ N/mm^2$. I Capitolati fanno però riferimento a miscele di aggregati lapidei di primo impiego, con composizione granulometrica differente e non totalmente passante al setaccio EN 4 mm .

I provini confezionati, nonostante presentassero dal punto di vista visivo una rottura soddisfacente ed un aumento della resistenza proporzionale all'aumento della percentuale di cemento, presentano valori medi di resistenza a compressione non conformi alle prescrizioni di Capitolato.

4.3.5   Resistenza a trazione indiretta
EN 13286-42/2006

I provini realizzati attraverso metodo di costipamento Proctor modificato sono stati portati a rottura per determinare il valore caratteristico medio di resistenza a compressione.

Nella tabella sottostante sono riportati i risultati della prova di rottura a trazione indiretta per le varie miscele

Resistenza (N/mm²)	2% cemento	3% cemento	4% cemento	5% cemento
3 giorni	0,07	0,10	0,10	0,12
7 giorni	0,12	0,13	0,13	0,15
28 giorni	0,13	0,14	0,15	0,17
90 giorni	0,19	0,20	0,20	0,22

Tabella 4-10 Risultati della prova di rottura a trazione indiretta

Nel grafico sottostante viene riportato il confronto di rottura a trazione indiretta per le varie miscele:

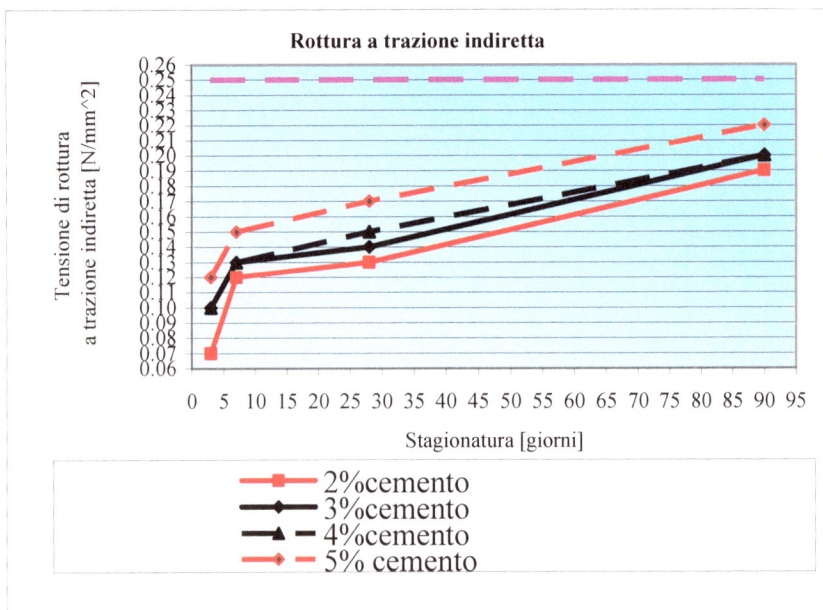

Figura 4-16 Risultati della prova di rottura a trazione indiretta

Secondo i Capitolati d'appalto di riferimento italiani i valori di resistenza a trazione indiretta a 7 gg per miscele utilizzate negli strati di fondazione in misto cementato devono essere maggiori di $Rc \geq 0,25$ N/mm^2. Il Capitolato fa però riferimento a miscele di aggregati lapidei di primo impiego, con composizione granulometrica differente e non totalmente passante al setaccio EN 4 mm .

Anche in questo caso i provini confezionati presentano valori medi di resistenza a trazione indiretta non conformi ai capitolati nonostante presentassero dal punto di vista visivo una rottura soddisfacente ed un aumento della resistenza proporzionale all'aumento della percentuale di cemento.

Quindi anche le miscele cementizie con sola acqua e cemento presentano caratteristiche inadatte al loro utilizzo in opere stradali, per lo meno se vengono equiparate "in toto" a miscele naturali.

4.3.6 Prova di modulo elastico dinamico
UNI 6556/76

Modulo elastico secante a compressione [N/mm^2]				
Stagionatura	2% cemento	3% cemento	4% cemento	5% cemento
3 giorni	237	345	281	713
7 giorni	308	415	424	736
28 giorni	327	391	476	758
90 giorni	451	415	515	817

Tabella 4-11 Risultati complessivi della prova di modulo elastico secante a compressione

In Tabella 4-11 sono riportati i valori del modulo elastico secante a compressione. Si può osservare un incremento di resistenza a compressione con l'aumentare della percentuale di cemento aggiunta e con l'aumentare dei giorni di stagionatura. Come era prevedibile la miscela al 5% di cemento risulta superiore alle altre dal punto di vista prestazionale, in modo netto ed evidente, come mostrato in Figura 4-17 e 4-18.

Tali risultati, se confrontati con quelli di un tradizionale misto cementato per sottofondi stradali, che si attestano su 2000

N/mm^2, danno un risultato sicuramente insoddisfacente ed inadatto allo scopo.

Modulo elastico dinamico

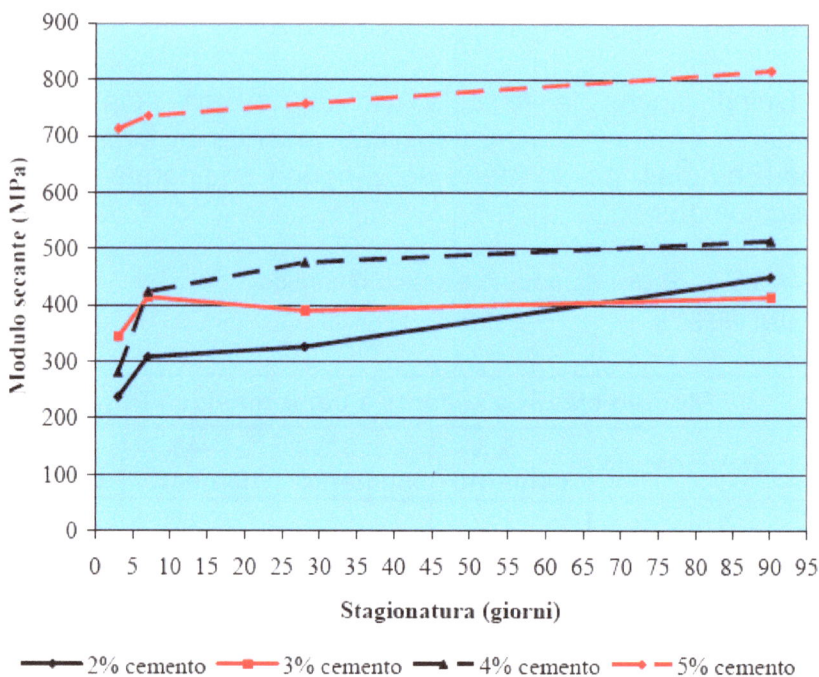

Figura 4-17 Rappresentazione dei risultati del modulo elastico secante a compressione

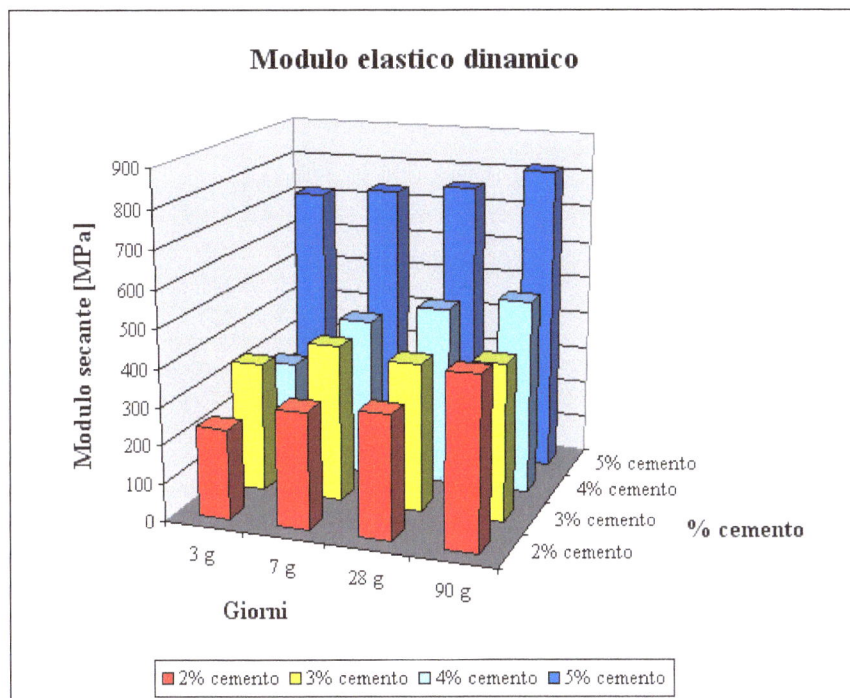

Figura 4-18 Risultati complessivi della prova di modulo elastico secante a compressione

5. Sabbie di fonderia e C&D

5.1 Premessa

Vengono riportati i risultati delle prove eseguite sulla miscela di sabbia e C&D per la determinazione del comportamento fisico e meccanico della miscela.

Le prove effettuate sulla miscela in esame sono state:

- Analisi granulometrica (UNI EN 933-1/1999)
- Determinazione del contenuto ottimo di acqua (UNI EN 13286-2/2004)
- Indice di portanza C.B.R. (EN 13286-47/2006)

5.2 Analisi granulometrica

UNI EN 933-1/1999

5.2.1 Risultati su un campione di sabbia di fonderia

Vengono di seguito riportati i risultati dell' analisi granulometrica eseguita su un campione di sabbia di fonderia con i setacci della serie UNI EN.

Dim. setacci	Peso trattenuto	% peso trattenuto	Peso progressivo trattenuto	% peso progressivo trattenuto	% passante
[mm]	[g]	[%]	[g]	[%]	[%]
63	0,00	0,00	0,00	0,00	100,00
31,5	169,70	7,19	169,70	7,19	92,81
16	53,60	2,27	223,30	9,47	90,53
8	197,00	8,35	420,30	17,82	82,18
4	268,80	11,39	689,10	29,21	70,79
2	223,20	9,46	912,30	38,67	61,33
1	181,40	7,69	1093,70	46,36	53,64
0,5	531,80	22,54	1625,50	68,90	31,10
0,25	678,50	28,76	2304,00	97,66	2,34
0,125	35,50	1,50	2339,50	99,17	0,83
0,063	14,90	0,63	2354,40	99,80	0,20
Fondo	4,70	0,20	2359,10	100,00	0,00
Tot.	**2359,10**				

I precedenti risultati possono essere rappresentati in un grafico di tipo semilogaritmico, collocando in ascisse la grandezza delle maglie dei setacci in scala logaritmica, e in ordinate la percentuale del materiale passante, ottenendo una curva nota come *curva granulometrica*.

Curva Granulometrica EN

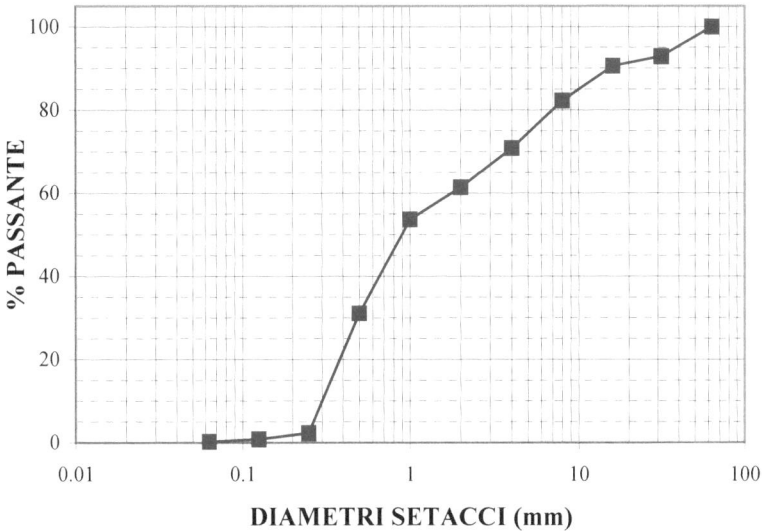

Si nota che la maggior parte, oltre il 60%, del materiale risulta avere un diametro inferiore ai 2 mm, mettendo in risalto il risultato atteso che il materiale avesse una frazione prevalentemente fine. In realtà anche la parte con diametro superiore ai 2 mm risulta presente, ma si tratta soprattutto di parti rimaste aggregate dopo l'utilizzo in fonderia e risultano in genere comunque friabili.

A titolo esemplificativo vengono presentate le fotografie delle parti granulometriche più significative:

Figura 5-1 Trattenuto al setaccio 0,063 mm

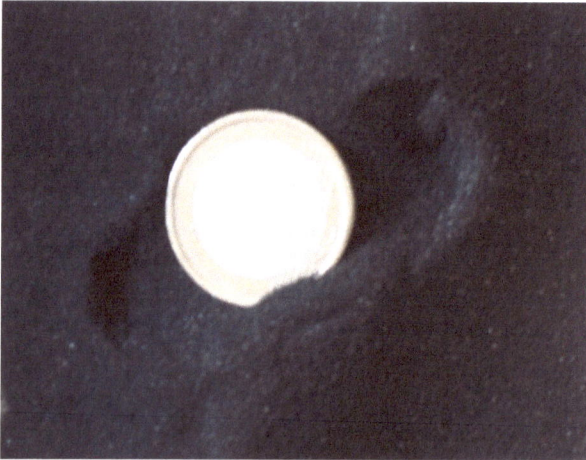

Figura 5-2 Trattenuto al setaccio 0,125 mm

Figura 5-3 Trattenuto al setaccio 1 mm

Figura 5-4 Trattenuto al setaccio 2 mm

5.2.2 Risultati su un campione di C&D

Vengono di seguito riportati i risultati dell' analisi granulometrica eseguita su un campione di C&D con i setacci della serie UNI EN.

Dim. setacci	Peso trattenuto	% peso trattenuto	Peso progressivo trattenuto	% peso progressivo trattenuto	% passante
[mm]	[g]	[%]	[g]	[%]	[%]
63,00	617,30	19,76	617,30	19,76	80,24
31,50	59,20	1,90	676,50	21,65	78,35
16,00	216,50	6,93	893,00	28,59	71,41
8,00	526,60	16,86	1419,60	45,44	54,56
4,00	392,20	12,55	1811,80	58,00	42,00
2,00	269,70	8,63	2081,50	66,63	33,37
1,00	255,50	8,18	2337,00	74,81	25,19
0,50	308,50	9,88	2645,50	84,68	15,32
0,25	396,40	12,69	3041,90	97,37	2,63
0,125	60,00	1,92	3101,90	99,29	0,71
0,063	15,70	0,50	3117,60	99,80	0,20
Fondo	6,40	0,20	3124,00	100,00	0,00
Tot.	**3124,00**				

Anche con questi dati risulta possibile costruirsi la curva granulometrica.

Curva Granulometrica EN

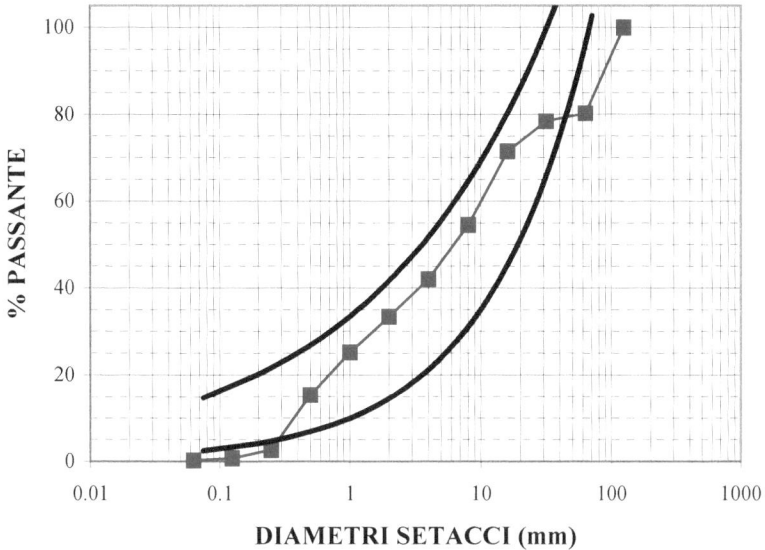

Nel grafico è stato tracciato anche il fuso granulometrico prescritto dalla norma CNR UNI 10006 (1963) e dalla norma UNI 10006 (2002) per strati di fondazione in miscela cementizia; non si sono considerate le norme che le hanno sostituite in quanto le nuove norme UNI EN 13242 (2004), UNI EN 13285 (2004) e UNI EN ISO 14688-1 (2003) non vanno più a considerare un fuso granulometrico ottimale consigliato per le miscele. Il capitolato CIRS in merito fornisce un fuso granulometrico all'art. 3 molto variabile per tipologia di strada, che considera una serie di setacci e crivelli UNI diversi da quelli da noi utilizzati nella prova di analisi granulometrica UNI EN 933-1 (1999) che prevede l'utilizzo dei setacci spiegati nella UNI EN 933-2 (1997). Si nota come la nostra distribuzione granulometrica rientra quasi appieno nel fuso di riferimento della CNR UNI 10006 e UNI 10006. Da notare come la parti non rientranti nel fuso siano le parti legate alla parte più fine del C&D (setacci 0,063 – 0,125 – 0,25 mm) ed anche al setaccio da 63 mm. Quest'ultimo fatto, che può sembrare una anomalia, è dovuta alla presenza nella miscela di frammenti di laterizi, pezzi di calcestruzzo, ecc. che vanno ad incrementare la presenza di pezzature più fini quali il passante ai setacci 0,063 - 0,125 - 0,25 mm, e più grosse come il setaccio 63 mm.

Si riportano le fotografie più interessanti dei risultati dell'analisi granulometrica.

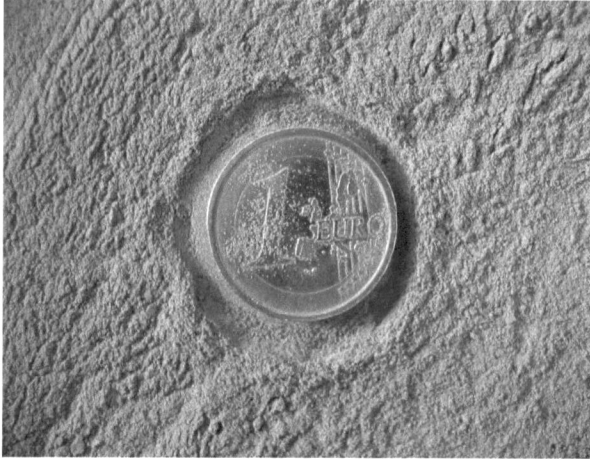

Figura 5-5 Trattenuto al setaccio 0,063 mm

Figura 5-6 Trattenuto al setaccio 0,5 mm

Figura 5-7 Trattenuto al setaccio 8 mm

Figura 5-8 Trattenuto al setaccio 1 mm

5.3   Determinazione del contenuto ottimo di acqua
UNI EN 13286-2/2004

5.3.1   Risultati della prova

Sempre riferendosi alla norma EN 13286-2/2005 sono state effettuate 2 diverse prove perché, in seguito a diverse partite di materiale, si è dovuto determinare il relativo contenuto d' acqua. Dopo aver confezionato diversi provini con i due contenuti d' acqua ricavati, si è deciso di far riferimento al 9,7% considerandolo come percentuale ottima d' acqua proprio per le migliori caratteristiche meccaniche ottenute con questa percentuale (infatti le migliori caratteristiche meccaniche si ottengono in corrispondenza del contenuto ottimo d'acqua). Si riportano nel seguito i risultati di tali prove.

Prima prova

n. provino		1	2	3	4
peso terra umida	[g]	107,386	133,775	168,071	174,238
peso terra secca	[g]	101,125	123,691	151,840	155,073
peso contenuto acqua	[g]	6,261	10,084	16,231	19,165
contenuto acqua	**[%]**	**6,191**	**8,153**	**10,690**	**12,359**
peso terra bagnata + fustella	[g]	9071,0	9201,0	9082,0	9018,0
peso fustella	[g]	4193,3	4193,3	4193,3	4193,3
volume fustella	[cm^3]	2265,0	2265,0	2265,0	2265,0
peso terra bagnata	[g]	4877,7	5007,7	4888,7	4824,7
peso terra secca	[g]	4593,3	4630,2	4416,6	4294,0
densità terra secca	**[g/cm3]**	**2,028**	**2,044**	**1,950**	**1,896**

Tipo di costipamento : AASHTO MODIFICATO

PROVA DI COSTIPAMENTO

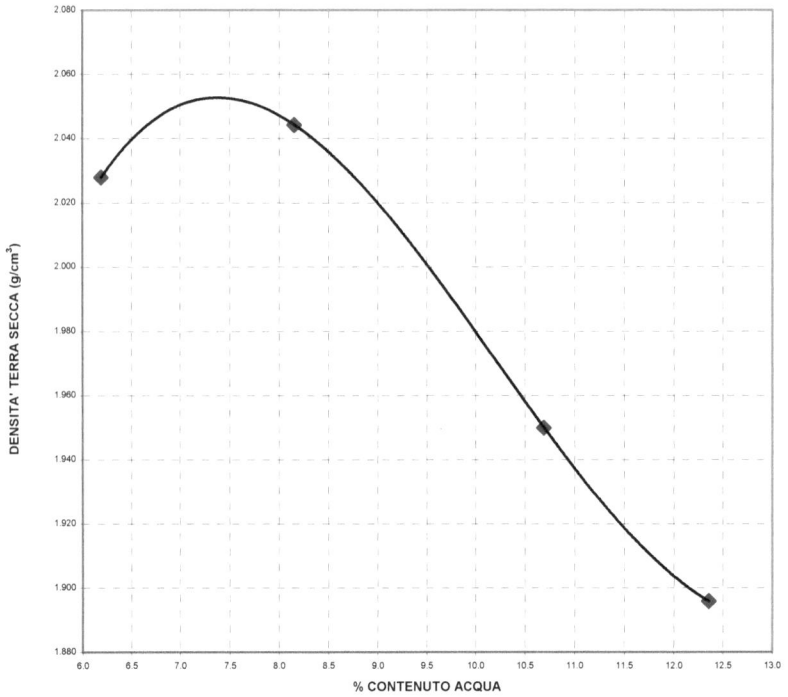

% contenuto ottimo di acqua	7.4
Densità terra secca [g/cm^3]	2.055

Seconda prova

n.provino		1	2	3
peso terra umida	[g]	128,472	132,691	136,183
peso terra secca	[g]	120,065	121,954	122,645
peso contenuto acqua	[g]	8,407	10,737	13,538
contenuto acqua	**[%]**	**7,002**	**8,804**	**11,038**
peso terra bagnata + fustella	[g]	8941,0	9287,0	9264,0
peso fustella	[g]	4193,3	4193,3	4193,3
volume fustella	[cm3]	2265,0	2265,0	2265,0
peso terra bagnata	[g]	4747,7	5093,7	5070,7
peso terra secca	[g]	4437,0	4681,5	4566,6
densità terra secca	**[g/cm3]**	**1,959**	**2,067**	**2,016**

PROVA DI COSTIPAMENTO

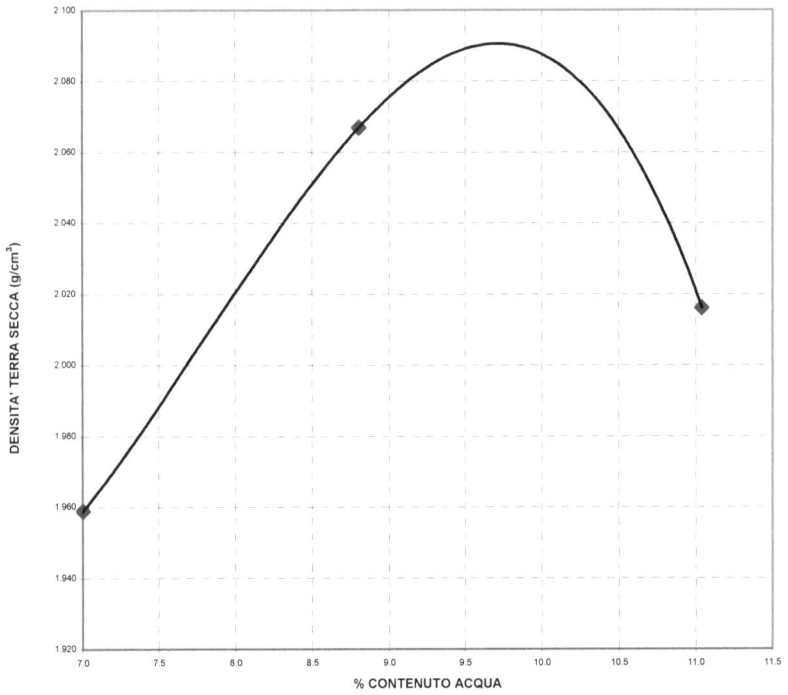

% contenuto ottimo di acqua	9.7
Densità terra secca [g/cm^3]	2.093

5.4 Indice di portanza C.B.R.
EN 13286-47/2006

5.4.1 Risultati della prova

E' stata eseguita una prova per la determinazione dell' indice CBR sulla miscela contenente il 9,7% di acqua. Si riportano in seguito i risultati ottenuti.

PROVA C.B.R. (EN 13286-47/2006)

Penetrazione (mm)	Carico (daN)
0.0	0.00
0.5	264.67
1.0	371.43
1.5	495.98
2.0	660.56
2.5	**816.25**
3.0	958.59
4.0	1216.59
5.0	**1381.17**
7.0	1685.88
9.0	1979.46

CBR a 2,5 mm [%]   62
CBR a 5 mm [%]   **68**

INDICE C.B.R. = 69%

Densità secca di costipamento(g/cm^3)   2,00
Umidità di costipamento (%)   8,6
Rigonfiamento (mm)   0

INDICE CBR

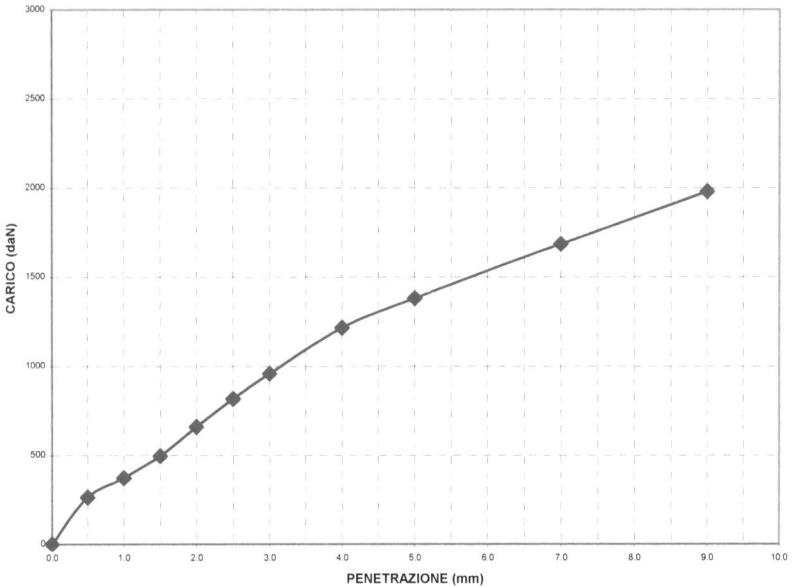

Le sovrastrutture stradali sono costituite da uno strato di superficiale (binder +usura) e da uno strato di base, poggianti su di uno strato di fondazione in misto granulare o misto cementato. La funzione di questi strati, in particolare degli ultimi due, è quella di distribuire i carichi e le vibrazioni trasmessi dalle ruote dei veicoli in modo che il sottofondo non subisca deformazioni tali da danneggiare l' intera sovrastruttura. Una volta scelti i materiali per la costruzione degli strati di base e fondazione, nota la natura del sottofondo e noti i carichi, rimane solo da determinare quali spessori debbano avere tali strati affinché le sollecitazioni siano compatibili con essi e le deformazioni siano contenute entro intervalli fissati.

Per determinare lo spessore della sovrastruttura viene utilizzato come indice di riferimento l' indice di portanza C.B.R. In realtà esistono molti dubbi sulla rilevanza e sull' affidabilità di questo test proprio per la difficoltà di ricreare, in un provino di 150 mm di diametro, le stesse condizioni che si hanno in sito. Tuttavia quasi tutti i capitolati speciali d'appalto vi fanno riferimento e prescrivono che per garantire un'adeguata portanza agli strati di fondazione è necessario che l' indice CBR rientri all' interno di limiti stabiliti.

Nelle *Norme tecniche di tipo prestazionale per Capitolati speciali d' appalto*, chiamate anche "Capitolato CIRS", all'articolo 1, viene prescritto che l' indice CBR immediato minimo sia:

- CBR = 10 %, per la stabilizzazione di terreni costituenti il piano d'appoggio del rilevato;
- CBR = 15 %, per gli strati di rilevato.

Inoltre nel caso in cui le prove di portanza CBR di laboratorio risultino significative (materiale con dimensioni inferiori a 20 mm), l'idoneità all'impiego della terra può essere accettata se essa presenta valori di indice di portanza CBR (energia AASHO Modificata) non inferiori a:

- 20 % nel caso di sottofondi costituiti da terreni granulari, clima asciutto, assenza di rischi d'imbibizione per infiltrazione laterale o dall'alto o per risalita capillare (w = $w_{opt} \pm 2$ %; senza immersione);
- 20 % per sottofondi costituiti da terreni granulari, nel caso in cui una delle condizioni sopracitate venga a mancare (w = $w_{opt} \pm 2$ %; 4 giorni di immersione);
- 20 % nel caso di sottofondi costituiti da terreni limo-argillosi o in presenza di drenaggi insufficienti (w = $w_{opt} \pm 2$ %; saturazione completa).

Per fondazioni in misto granulare, trattate all'articolo 2, l'indice di portanza CBR (CNR-UNI 10009) dopo quattro giorni di imbibizione in acqua (eseguito sul materiale passante al crivello UNI 25 mm) non deve essere minore del valore assunto per il calcolo della pavimentazione ed in ogni caso non minore di 30 %. È inoltre richiesto che tale condizione sia verificata per un intervallo di ±2% rispetto all'umidità ottimale di costipamento.

Le norme CNR UNI 10006 (1963) e UNI 10006 (2002), seppur ritirate e sostituite dalle norme UNI EN 13242 (2004), UNI EN 13285 (2004) e UNI EN ISO 14688-1 (2003) dove non si fa più riferimento all'indice CBR, fornivano indicazioni più restrittive per gli strati di fondazione riguardo l'indice CBR, che, eseguito su campioni costipati in laboratorio (con energia di costipamento AASHO Modificata), dopo l'immersione dei campioni per 4 giorni in acqua:

- doveva essere maggiore di 50 % per strati di fondazione profondi (posti ad una distanza dal piano viabile non minore di 20 cm) nel caso di strade a media ed elevata intensità di traffico e per strato di base (purchè posto a distanza dal piano viabile di almeno 10 cm) nel caso di strade protette e non protette a limitata intensità di traffico;
- doveva essere maggiore di 80 % per strato di base nel caso di strade protette a media ed elevata intensità di traffico e per lo strato superficiale di usura non protetto di strade a limitata intensità di traffico.

Dall' esecuzione della prova sulla miscela di sabbia di fonderia, C&D e 9,7 % d'acqua è risultato che l' indice CBR è pari a 68 %. Tale valore risulta rispettare i valori minimi imposti sia dal Capitolato CIRS per lo strato in misto granulare, sia dalla norma CNR 10006 (1963) per strati di fondazione, sia dalla norma UNI 10006 (2002). Inoltre, sia il Capitolato CIRS che le norme CNR 10006 e CNR UNI 10006, fanno riferimento a misti granulari costituiti da una miscela di aggregati lapidei di primo impiego, mentre nel nostro caso la miscela è costituita da inerti di scarto.

6. Miscele cementizie con sabbie di fonderia e C&D

6.1 Premessa

Dopo le prove esaminate al capitolo precedente, sulla miscela di sola sabbia ed inerti da demolizione e costruzione C&D, si è proceduto ad esaminare il comportamento con l'aggiunta di prefissate percentuali di legante idraulico costituito da cemento tipo Portland 32,5 R_{ck} (2%, 3%, 4%, 5%).

A tal fine si sono eseguite le prove di:

- resistenza a compressione (EN 13286-41/2006);
- resistenza a trazione indiretta (EN 13286-42/2006)
- Modulo elastico secante a compressione (UNI 6556)

6.2 Resistenza a compressione (3,7,28,90 gg)
EN 13286-41/2006

6.2.1 Risultati della prova

Le miscele costituenti i provini che sono stati testati sono state di due tipi, in relazione ai risultati della prova di determinazione del contenuto ottimo d' acqua (UNI EN 13286-2/2004).

Tipologia di miscele
Le due tipologie di miscele testate sono state:
- **Miscela tipo I (in blu)**: 75% sabbie di fonderia + 25% C&D (passanti al setaccio EN 31.5 mm) + 7,4% d'acqua + percentuali variabili di cemento (2%, 3%, 4%, 5%);
- **Miscela tipo II (in nero)**: 75% sabbie di fonderia + 25% C&D (passanti al setaccio EN 31.5 mm) + percentuale ottima d'acqua (9,7% sul peso dell'aggregato) + percentuali variabili di cemento (2%, 3%, 4%, 5%).

Preparazione dei provini

Si sono confezionati i provini tramite costipamento all' interno di stampi apribili di dimensioni: diametro 150,0 ± 1,0 mm e altezza 120,0 ± 1,0 mm corrispondenti agli stampi di tipo B per la prova Proctor (UNI EN 13286-2/2004).

Il costipamento del campione è avvenuto utilizzando il metodo Proctor.

In base alla norma UNI EN 13286-50 i provini sono lasciati stagionare all' interno dello stampo per 24 ore a temperatura 20 ± 5 °C;

Successivamente i provini sono stati scasserati e lasciati stagionare per il tempo prestabilito (3, 7, 28, 90 gg) in camera climatica, fino al momento della rottura, a temperatura di 20 ± 2 °C, e con umidità ≥ 95 %, in accordo con quanto prescritto dalla norma UNI EN 12390-2/2000.

Terminata la stagionatura i provini sono stati sottoposti alle prove di rottura a compressione (EN 13286-41/2006) a 3, 7, 28, 90 giorni.

Si riportano ora i risultati della prova di resistenza a compressione:

Prove di rottura a compressione [N/mm^2], [MPa]				
Stagionatura	**2% cemento**	**3% cemento**	**4% cemento**	**5% cemento**
3 giorni	0,95	1,00	1,13	1,16
	1,31	1,30	1,44	1,49
7 giorni	1,61	1,63	1,74	1,83
	1,91	1,96	2,13	2,44
28 giorni	1,66	1,68	1,84	1,88
	2,08	2,12	2,20	2,58
90 giorni	2,23	2,28	2,57	2,64
	2,41	2,50	2,66	2,81

Note:

Miscela tipo I (in blu): 75% sabbie di fonderia + 25% C&D + 7,4% acqua;

Miscela tipo II (in nero): 75% sabbie di fonderia + 25% C&D con contenuto ottimo d'acqua (9,7%).

Tabella 6-1 Risultati della prova di resistenza a compressione

Si sono riportati in Tabella 6-1 i risultati complessivi di resistenza a compressione. Si osserva un incremento di resistenza a compressione con l'aumentare della percentuale di cemento aggiunta e con l'aumentare dei giorni di stagionatura; un comportamento questo che rientra nella normalità quando si considerano delle miscele contenenti legante cementizio(Figura 6-2 e Figura 6-3).

La miscela di tipo I, come era atteso, risulta avere caratteristiche meccaniche notevolmente inferiori alla miscela di tipo II, confermando la correttezza del dosaggio d'acqua della miscela denominata tipo II.

Per questo motivo si considererà nella trattazione seguente sulla prova di resistenza a compressione e le successive soltanto i valori relativi alla miscela di tipo II, confezionata con 75% sabbie di fonderia + 25% C&D con contenuto ottimo d'acqua (9,7%). Infatti, come dimostrato in altre ricerche, il contenuto d'acqua della miscela risulta fondamentale per lo sviluppo di una adeguata resistenza meccanica, e una sua variazione, anche se esigua come in questo caso, può influire in modo decisamente sensibile sulla resistenza meccanica finale.

Sempre considerando nella nostra trattazione la sola miscela denominata di tipo II, si dà ora una espressione grafica dei risultati ottenuti con la prova di resistenza a compressione:

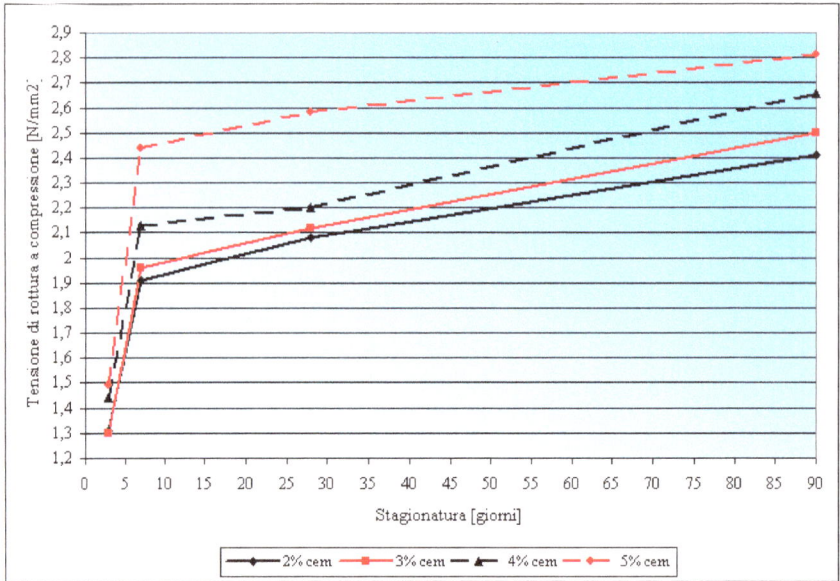

Figura 6-1 Risultati della prova di resistenza a compressione per la miscela di tipo II.

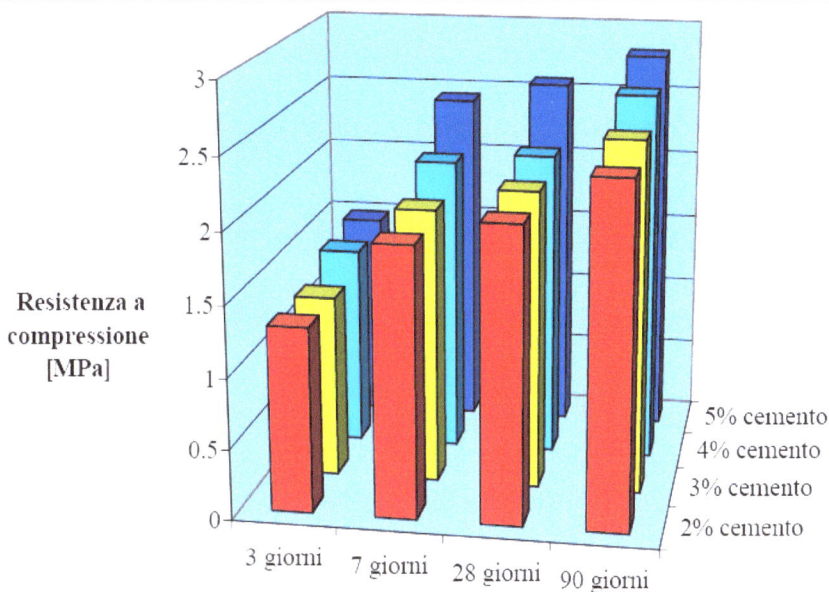

Figura 6-2 Riepilogo risultati della prova di resistenza a compressione
per miscela di tipo II

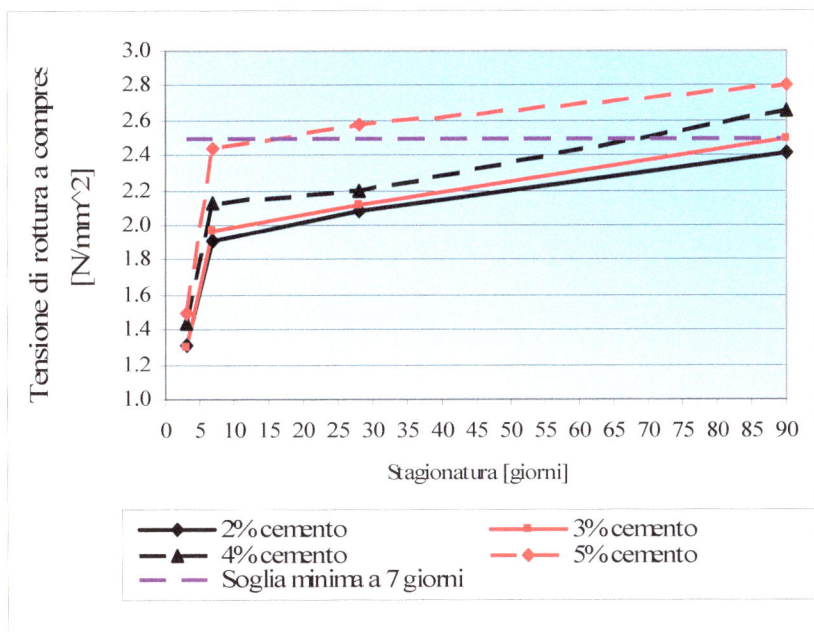

Figura 6-3 Confronto con i valori minimi dei capitolati d'appalto

Considerando quanto prescritto dai principali Capitolati d'appalto di riferimento italiani (tra i quali il Capitolato Società Autostrade S.p.a. o il Capitolato C.I.R.S.), i valori di resistenza a compressione a 7 giorni per miscele utilizzate negli strati di fondazione in misto cementato devono ricadere all' interno dell'intervallo: $2,5 \leq Rc \leq 4,5$ N/mm^2. Bisogna però sottolineare che tali Capitolati fanno riferimento a miscele di aggregati lapidei di primo impiego, con composizione granulometrica differente da quella utilizzata nella seguente sperimentazione. In figura 6-3 si nota che, riferendosi sempre alla miscela di tipo II, solo al 5% di cemento si riesce ad avvicinare (con 2,44 MPa) la soglia minima di 2,5 N/mm^2 mentre, per contenuti inferiori di cemento, i valori di compressione a 7gg sono tutti inferiori.

Osservando nella figura 7-3 la pendenza dei tratti delle varie curve, si possono trarre alcune considerazioni sulla velocità di incremento della resistenza nei vari periodi di stagionatura: si può notare come l'incremento di resistenza riguardi soprattutto l'intervallo temporale dei 3 giorni iniziali, e soprattutto che la curva relativa alla miscela con 5% di cemento risulta avere una pendenza nettamente superiore alle altre, appare quindi chiaro che tale miscela subirà un incremento maggiore a parità di tempo rispetto alle altre prese in esame.

6.3 Resistenza a trazione indiretta (3,7,28,90 gg)
EN 13286-42/2006

6.3.1 Risultati della prova

Le miscele costituenti i provini che sono stati testati sono state anche in questo caso di due tipi, in relazione ai risultati della prova di determinazione del contenuto ottimo d' acqua (UNI EN 13286-2/2004). Tuttavia si è verificato che la miscela contenente il 7,4% d'acqua risulta avere caratteristiche meccaniche inferiori e quindi in questa trattazione non verrà considerata.

Tipologia della miscela testata
La tipologia di miscela testata era così composta:
- 75% sabbie di fonderia + 25% C&D (passanti al setaccio EN 31.5 mm) + percentuale ottima d'acqua (9,7% sul peso dell'aggregato) + percentuali variabili di cemento (2%, 3%, 4%, 5%).

Preparazione dei provini
Si sono confezionati i provini tramite costipamento all' interno di stampi apribili di dimensioni: diametro 150,0 ± 1,0 mm e altezza 120,0 ± 1,0 mm corrispondenti agli stampi di tipo B per la prova Proctor (UNI EN 13286-2/2004).

Il costipamento del campione è avvenuto utilizzando il metodo Proctor.

In base alla norma UNI EN 13286-50 i provini sono lasciati stagionare all' interno dello stampo per 24 ore a temperatura 20 ± 5 °C;

Successivamente i provini sono stati scasserati e lasciati stagionare per il tempo prestabilito (3, 7, 28, 90 gg) in camera climatica, fino al momento della rottura, a temperatura di 20 ± 2 °C, e con umidità ≥ 95 %, in accordo con quanto prescritto dalla norma UNI EN 12390-2/2000.

Terminata la stagionatura i provini sono stati sottoposti alle prove di rottura a trazione indiretta (EN 13286-42/2006) a 3, 7, 28, 90 giorni.

Si riportano ora i risultati della prova di resistenza a trazione indiretta:

Prove di trazione indiretta [N/mm²], [MPa]				
Stagionatura	2% cemento	3% cemento	4% cemento	5% cemento
3 giorni	0,13	0,13	0,14	0,13
7 giorni	0,19	0,21	0,22	0,24
28 giorni	0,21	0,22	0,27	0,30
90 giorni	0,25	0,27	0,29	0,34

Tabella 6-2 Risultati complessivi prova di rottura a trazione indiretta (75% sabbie di fonderia + 25% C&D con contenuto ottimo d'acqua (9,7%)).

Si sono riportati in Tabella 6-2 i risultati complessivi di resistenza a trazione indiretta. Si osserva anche qui un incremento di resistenza a compressione con l'aumentare della percentuale di cemento aggiunta e con l'aumentare dei giorni di stagionatura; un comportamento questo, come già spiegato, che rientra nella normalità quando si considerano delle miscele contenenti legante cementizio (Figura 6-4 e Figura 6-5).

Si dà ora una rielaborazione grafica dei risultati ottenuti con la prova di resistenza a trazione indiretta, sempre considerando la sola miscela con 75% sabbie di fonderia + 25% C&D con contenuto ottimo d'acqua (9,7%):

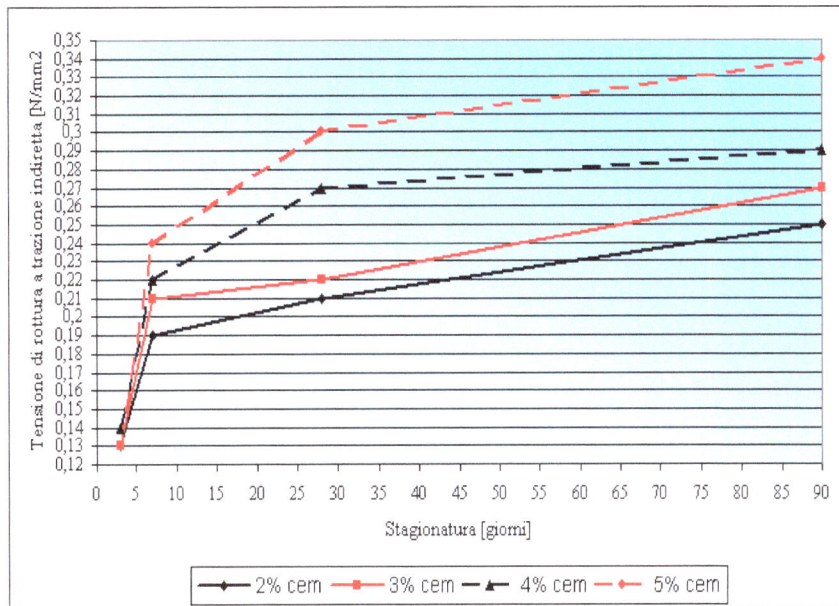

Figura 6-4 Risultati della prova di resistenza a trazione indiretta per la miscela con 75% sabbie di fonderia + 25% C&D con contenuto ottimo d'acqua (9,7%).

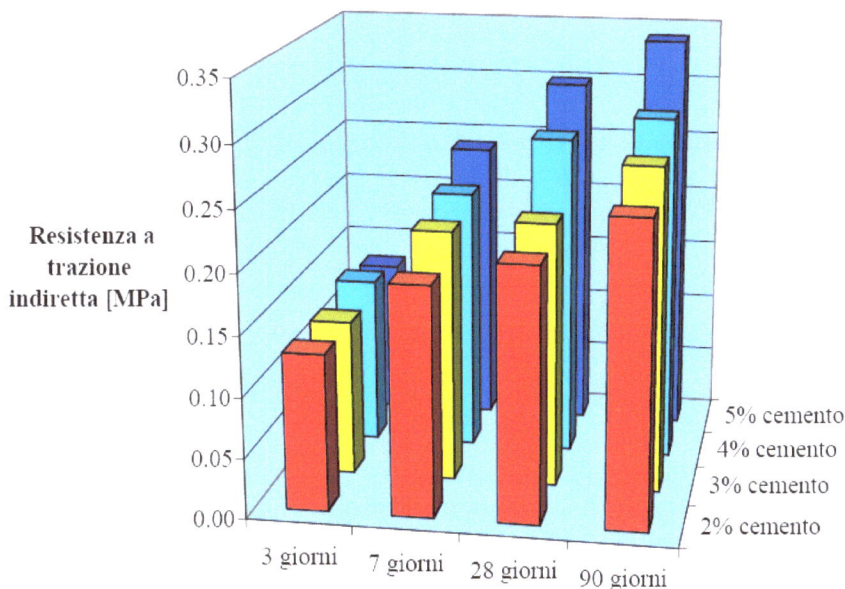

Figura 6-5 Riepilogo risultati della prova di resistenza a trazione indiretta per miscela con 75% sabbie di fonderia + 25% C&D con contenuto ottimo d'acqua (9,7%).

- 125 -

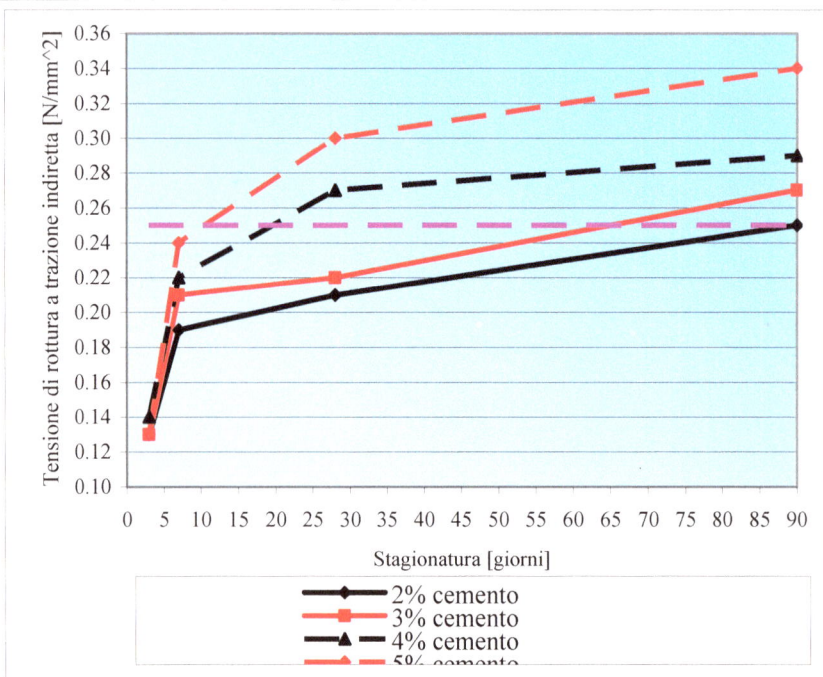

Figura 6-6 Confronto con i valori minimi dei capitolati d'appalto

Facendo un confronto con quanto prescritto dai principali Capitolati d'appalto di riferimento italiani (tra i quali il Capitolato Società Autostrade S.p.a. o il Capitolato C.I.R.S.), i valori di resistenza a trazione indiretta a 7 giorni per miscele utilizzate negli strati di fondazione in misto cementato devono rispettare la condizione di essere superiori a 0,25 N/mm^2. Bisogna però sottolineare che tali Capitolati fanno riferimento, come al solito, a miscele di aggregati lapidei di primo impiego, con composizione granulometrica differente da quella utilizzata nella seguente sperimentazione. In figura 6-6 si nota che, riferendosi sempre alla miscela con 75% sabbie di fonderia + 25% C&D con contenuto ottimo d'acqua (9,7%), solo al 5% di cemento si riesce a raggiungere un valore molto vicino (0,24 MPa) alla soglia minima di 0,25 MPa mentre, per contenuti inferiori di cemento, anche i valori di trazione indiretta a 7gg sono tutti inferiori.

- 126 -

6.4 Modulo elastico secante a compressione
UNI 6556/76

6.4.1 Risultati della prova

Le miscele costituenti i provini che sono stati testati sono state anche in questo caso di due tipi, sempre in relazione ai risultati della prova di determinazione del contenuto ottimo d' acqua (UNI EN 13286-2/2004). Per le ragioni già citate nella trattazione che segue sarà considerato solo il caso con la percentuale ottima d'acqua 9,7 %.

Tipologia della miscela testata
La tipologia di miscela testata era così composta:
- 75% sabbie di fonderia + 25% C&D (passanti al setaccio EN 31.5 mm) + percentuale ottima d'acqua (9,7% sul peso dell'aggregato) + percentuali variabili di cemento (2%, 3%, 4%, 5%).

Modulo elastico secante a compressione [N/mm^2], [Mpa]				
Stagionatura	2% cemento	3% cemento	4% cemento	5% cemento
3 giorni	380	746	913	1001
7 giorni	785	767	1264	1415
28 giorni	858	825	1487	1592
90 giorni	827	1239	1563	1802

Tabella 6-3 Risultati complessivi modulo elastico secante a compressione(75% sabbie di fonderia + 25% C&D con contenuto ottimo d'acqua (9,7%)).

Si darà ora una interpretazione grafica dei risultati ottenuti per poterne trarre delle considerazioni.

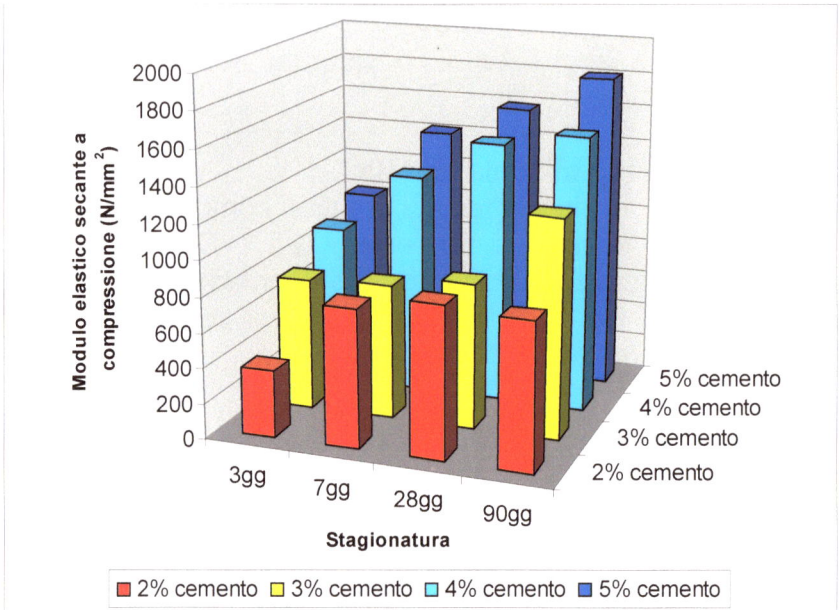

Figura 6-7 Risultati complessivi delle prove di modulo secante per la miscela con 75% sabbie di fonderia + 25% C&D con contenuto ottimo d'acqua (9,7%)

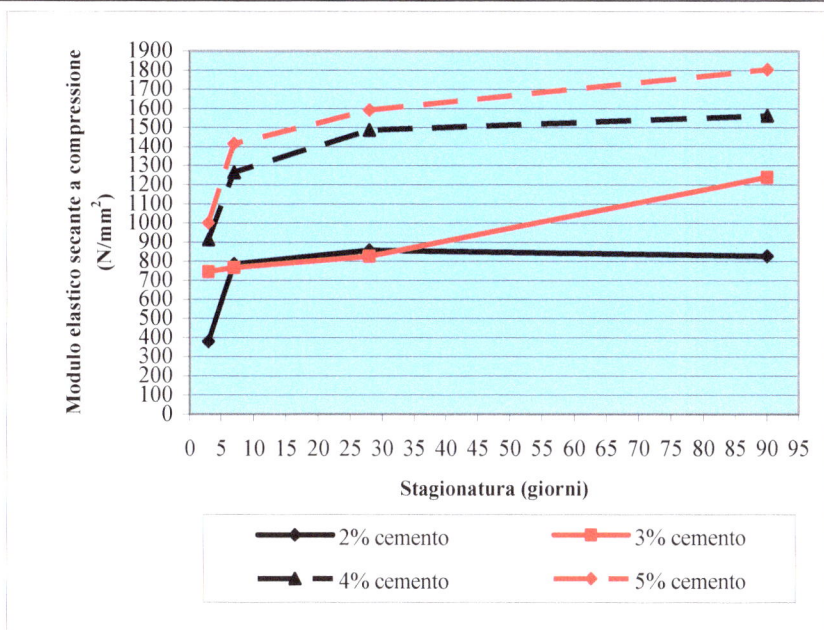

Figura 6-8 Risultati complessivi delle prove di modulo secante per la miscela con 75% sabbie di fonderia + 25% C&D con contenuto ottimo d'acqua (9,7%)

Si osserva innanzitutto che la prova di modulo elastico dinamico non si presta ad essere impiegata per periodi di stagionatura troppo brevi. In tali condizioni i risultati sono risultati instabili (Figure 6-7 e 6-8).

Invece, a partire dai 7 giorni,si può notare una generale tendenza alla stabilizzazione dei risultati, che paiono crescenti con l'aumentare della percentuale di cemento. Tale stabilizzazione, però, richiede più tempo rispetto alle prove di compressione e trazione indiretta (Figura 6-8).

Tenendo presente che i valori di modulo elastico dinamico tendono, dopo i 28 giorni e per i materiali testati, ad avere incrementi molto modesti rispetto al periodo di stagionatura iniziale, si sono raggiunti con la tipologia di miscela con 75% sabbie di fonderia + 25% C&D con contenuto ottimo d'acqua (9,7%) valori di modulo prossimi a 1600 N/mm^2 a 28 giorni. Tali risultati possono essere confrontati con quelli di un tradizionale misto cementato per sottofondi stradali, che si attestano su 2000 N/mm^2. Si può quindi asserire che i valori raggiunti si possono considerare discretamente buoni.

7. Confronto: miscele cementizie di sabbie di fonderia e miscele contenenti anche C&D

7.1 Premessa

In questo capitolo si vuole appurare l'effetto che ha avuto l'aggiunta del 25% di C&D alla miscela cementizia iniziale con sola sabbia di fonderia. A tal fine si sono considerate le prove precedenti e si sono presi in esame, confrontandoli, i dati relativi a:

- Resistenza a compressione;
- Resistenza a trazione indiretta;
- Modulo elastico secante a compressione.

Per i motivi già spiegati in precedenza nei capitoli precedenti, nel confronto dei risultati si è tenuto conto della sola miscela a prestazioni ottimali formata da 75% sabbie di fonderia (passanti al setaccio EN 4 mm) + 25% C&D (passanti al setaccio EN 31.5 mm) + percentuale ottima d'acqua (9,7% sul peso dell'aggregato) + percentuali variabili di cemento (2%, 3%, 4%, 5%).

7.2 Confronto dei dati relativi alla prova di resistenza a compressione

In Figura 7-1 sono riportati i valori di resistenza a compressione relativi alle miscele cementizie con sola sabbia di fonderia e le miscele con sabbia di fonderia e C&D. Il confronto fra i risultati ottenuti per le due tipologie di miscele(con e senza C&D) è stato eseguito solamente per una percentuale di cemento pari al 5%. In particolare, le miscele oggetto di confronto sono state le seguenti:

- sabbia di fonderia + percentuale ottima d'acqua+5% di cemento
- 75% sabbie di fonderia + 25% C&D (passanti al setaccio EN 31.5 mm) + percentuale ottima d'acqua (9,7% sul peso dell'aggregato) + 5% di cemento.

Dal confronto delle due miscele appare evidente l'incremento di resistenza che si viene a creare con l'aggiunta del C&D, come si era supposto. In questo modo solo la miscela contenente C&D (25%) con la percentuale più elevata di cemento (5%), riesce ad avvicinarsi in modo molto vicino ai valori cercati.
La presenza del C&D risulta doppiamente positiva, come evidenziato in Figura 7-2, perché oltre a determinare un generale incremento dei valori di rottura a compressione, determina anche un più rapido incremento di resistenza nelle brevi stagionature(3, 7 giorni). L'esiguo incremento nell'intervallo di tempo tra 7 e28 giorni, è probabilmente imputabile ad una mancata idratazione del legante all'interno della miscela. Infatti presenta un comportamento del tutto analogo a quello riscontrato da un' attività di ricerca precedentemente svolta sugli effetti indotti dall'acqua sulla resistenza meccanica di una miscela (vedi capitolo 6).

Rottura a compressione

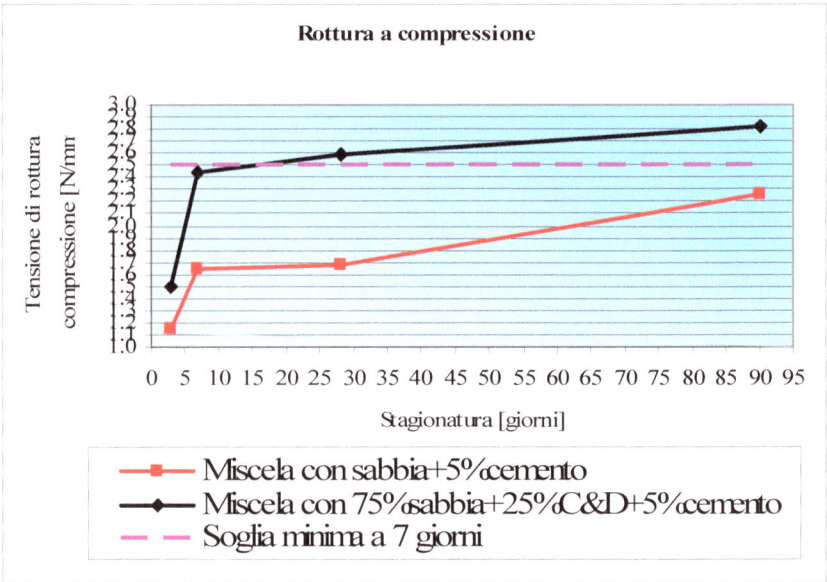

Figura 7-1 Confronto dei valori di rottura a compressione per effetto del C&D

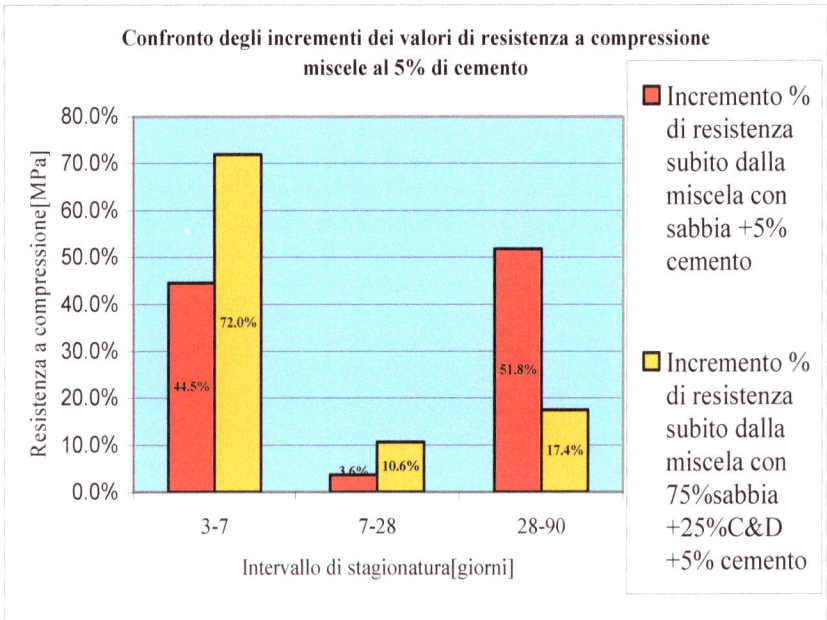

Figura 7-2 Confronto degli andamenti degli incrementi di resistenza a compressione nelle miscele al 5% di cemento

7.3   Confronto dei dati relativi alla prova di resistenza a trazione indiretta

In Figura 7-3 sono riportati i valori di resistenza a trazione indiretta relativi alle miscele cementizie con sola sabbia di fonderia e le miscele con sabbia di fonderia e C&D. Anche in questo caso il confronto fra i risultati ottenuti per le due tipologie di miscele (con e senza C&D) è stato eseguito solamente per una percentuale di cemento pari al 5%. In particolare, le miscele oggetto di confronto sono state le seguenti:

- sabbia di fonderia + percentuale ottima d'acqua+5% di cemento
- 75% sabbie di fonderia + 25% C&D (passanti al setaccio EN 31.5 mm) + percentuale ottima d'acqua (9,7% sul peso dell'aggregato) + 5% di cemento.

Dal confronto delle due miscele appare evidente l'incremento di resistenza che si viene a creare con l'aggiunta del C&D, come si era supposto. Nuovamente si nota che solo la miscela contenente C&D (25%) con la percentuale più elevata di cemento (5%), riesce ad avvicinarsi in modo molto vicino ai valori cercati.

Quanto detto precedentemente al paragrafo 7.2, può essere nuovamente ribadito, poiché anche in questo caso la presenza del C&D risulta doppiamente positiva: oltre a determinare un generale sostanziale incremento dei valori di rottura a compressione, determina anche un più rapido incremento di resistenza nelle brevi stagionature (3, 7, 28 giorni) (Figura 7-4).

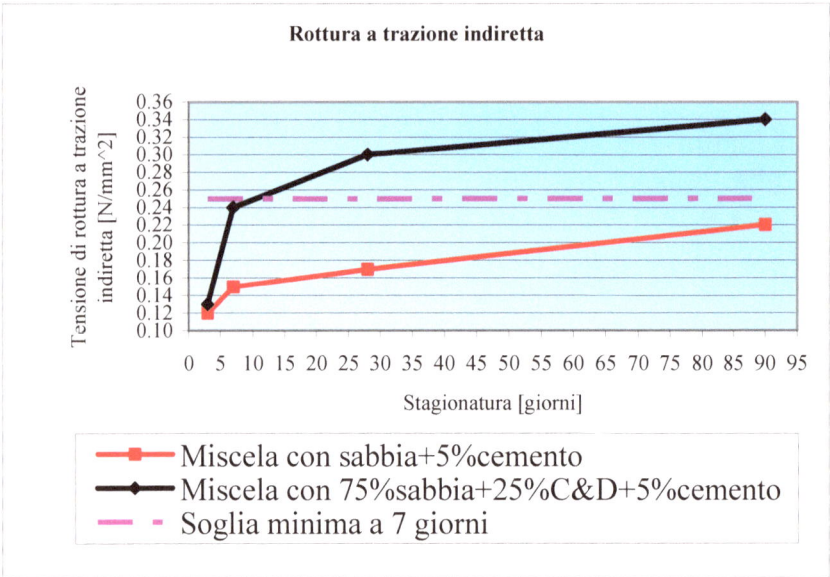

Figura 7-3 Confronto dei valori di rottura a trazione indiretta per effetto del C&D

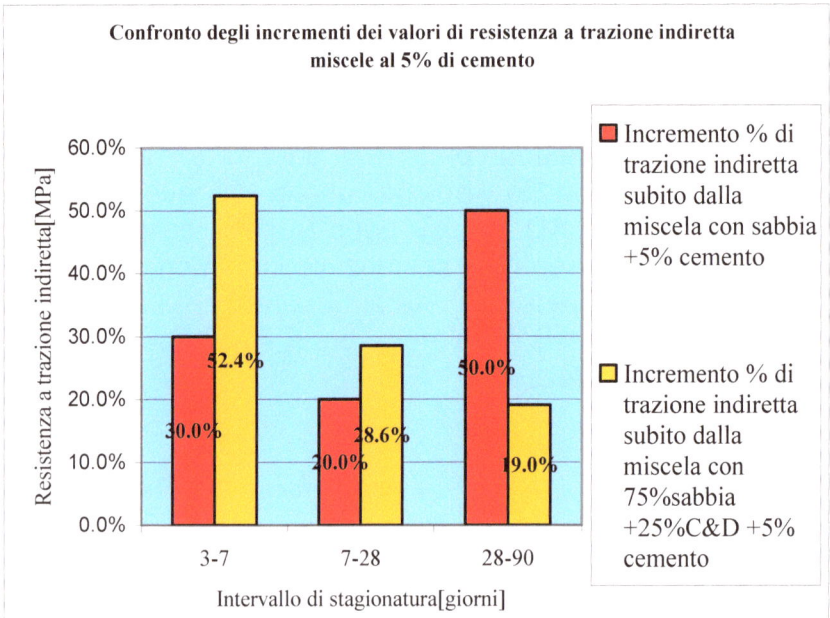

Figura 7-4 Confronto degli andamenti degli incrementi di resistenza nelle miscele al 5% di cemento

7.4 Confronto dei dati relativi al modulo secante a compressione

In Figura 7-5 e Figura 7-6 sono riportati i valori di modulo secante a compressione relativi alle miscele cementizie con sola sabbia di fonderia e le miscele con sabbia di fonderia e C&D. Come in precedenza non si è ritenuto di dover riportare i risultati per percentuali di cemento inferiori al 4%, in quanto, come già notato al capitolo 6, essi risultano poco significativi, essendo i valori di riferimento di un tradizionale misto cementato per sottofondi stradali circa 2000 N/mm^2. Pertanto le uniche miscele che si avvicinano a tali valori risultano, per entrambi i casi, quelle date da:

- sabbia di fonderia + percentuale ottima d'acqua+4% di cemento
- 75% sabbie di fonderia + 25% C&D (passanti al setaccio EN 31.5 mm) + percentuale ottima d'acqua (9,7% sul peso dell'aggregato) + 4% di cemento.
- sabbia di fonderia + percentuale ottima d'acqua+5% di cemento
- 75% sabbie di fonderia + 25% C&D (passanti al setaccio EN 31.5 mm) + percentuale ottima d'acqua (9,7% sul peso dell'aggregato) + 5% di cemento.

Dal confronto delle miscele appare evidente l'incremento di resistenza che si viene a creare con l'aggiunta del C&D, sia nel confronto delle miscele al 4% di cemento che nel caso del 5% di cemento. Nuovamente si nota che solo la miscela contenente C&D (25%) con la percentuale più elevata di cemento (5%), riesce ad avvicinarsi in modo molto più significativo ai valori cercati.

Anche in questo caso la presenza del C&D determina un sostanziale incremento dei valori di modulo secante a compressione, ed anche un più rapido incremento di resistenza nelle brevi stagionature (3, 7, 28 giorni), soprattutto nel caso delle miscele al 5% (Figure 7-5, 7-6, 7-7, 7-8).

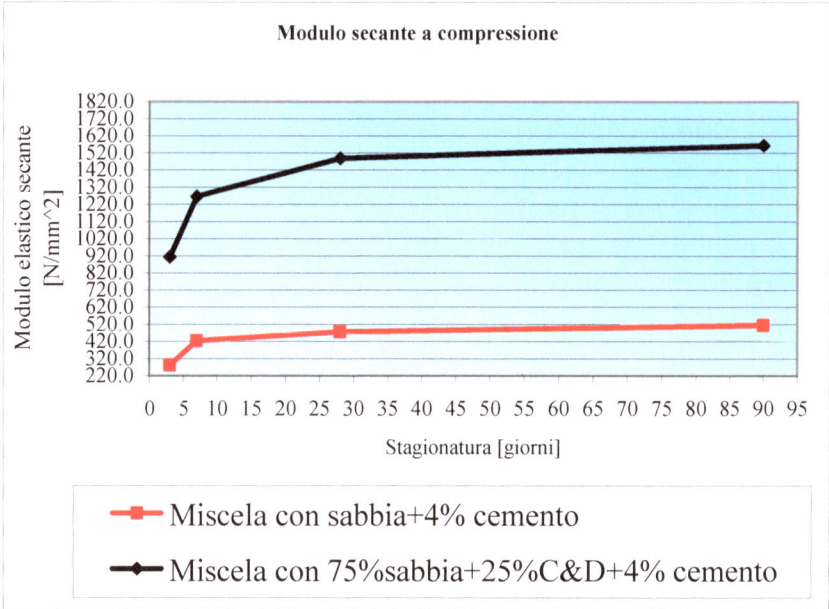

Figura 7-5 Confronto dei valori modulo elastico secante per effetto del C&D nelle miscele al 4%di cemento

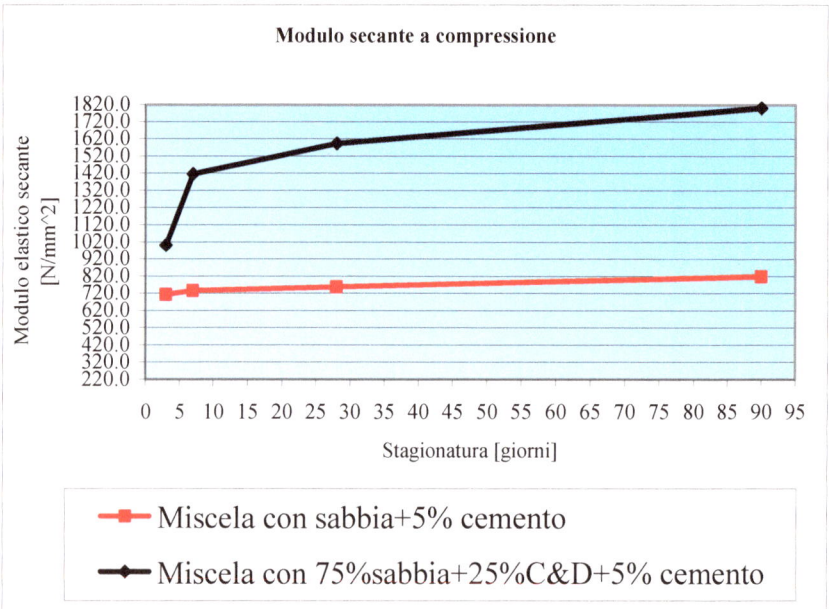

Figura 7-6 Confronto dei valori modulo elastico secante per effetto del C&D nelle miscele al 5%di cemento

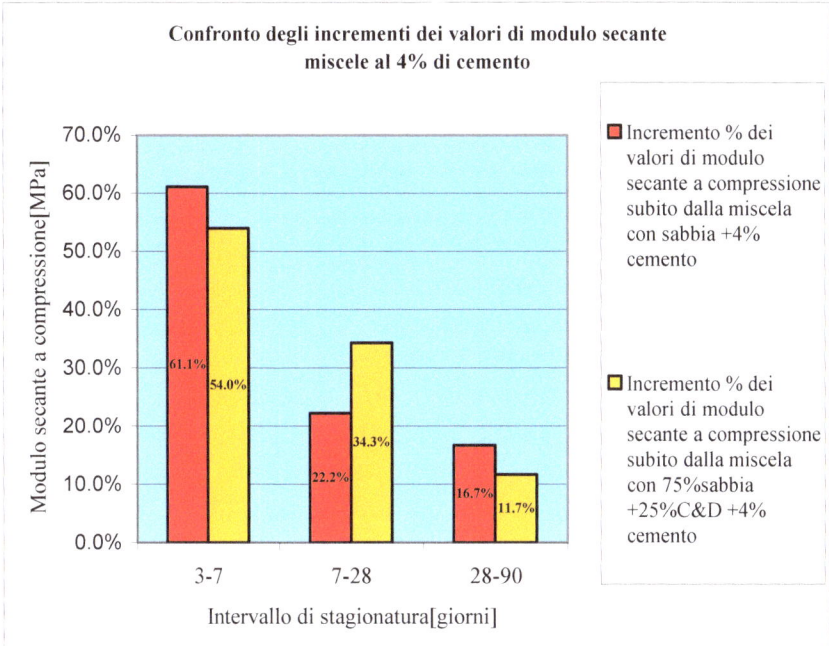

Figura 7-7 Confronto degli andamenti degli incrementi di modulo elastico nelle miscele al 4% di cemento

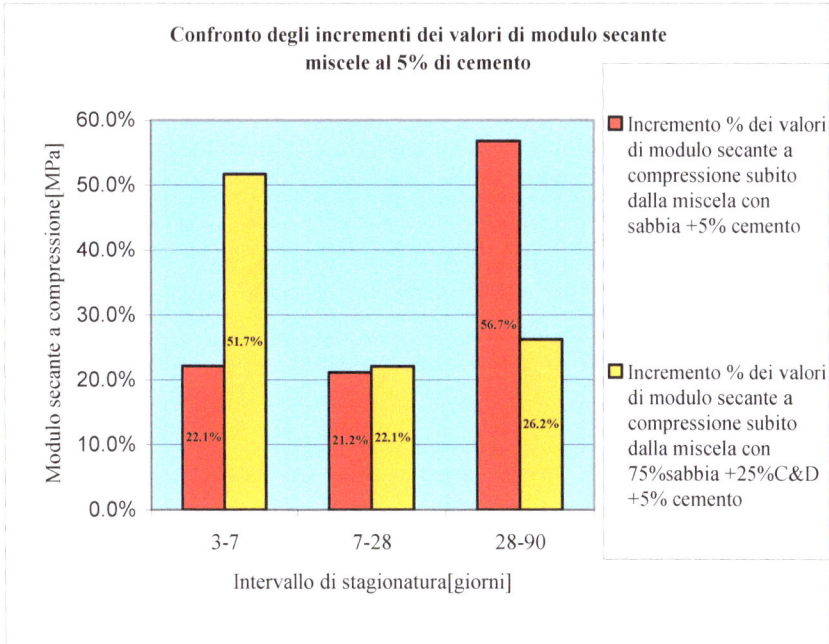

Figura 7-8 Confronto degli andamenti degli incrementi di modulo elastico nelle miscele al 5% di cemento

8. Conclusioni

Nel nostro studio si è eseguita una analisi delle prestazioni meccaniche di una miscela cementizia formata da sabbia di fonderia (25%) e inerte da costruzione e demolizione (75%), considerando diverse percentuali di cemento e una percentuale ottima d'acqua per il costipamento. Lo scopo di tale studio era appurare se vi fosse la possibilità di utilizzo di tale miscela in strati di fondazione stradali.

I valori ottenuti sono stati anche confrontati con quelli di sperimentazioni precedenti riguardanti sole sabbie di fonderia, e, in particolare, miscele cementizie con l'utilizzo di sole sabbie di fonderia, per determinare l'effetto determinato degli inerti da costruzione e demolizione (C&D) dal punto di vista della resistenza meccanica.

Dalle valutazioni fatte risulta che, mentre i risultati su miscele cementizie con sole sabbie di fonderia risultano insoddisfacenti, se si va a considerare l'aggiunta del C&D nella miscela cementizia i valori di resistenza a compressione, resistenza a trazione indiretta e di modulo secante a compressione subiscono tutti un notevole incremento, arrivando, nel caso della miscela al 5% di cemento, fino a lambire i valori minimi previsti per 7 giorni di stagionatura dai principali capitolati d'appalto italiani, quali il capitolato C.I.R.S. e il Capitolato Società Autostrade S.p.a..

Infine, i valori dell'indice CBR, che già nel caso di miscele cementizie con sole sabbie di fonderia risultavano più che soddisfacenti, anche nel caso dell'aggiunta del C&D risultano ampiamente superiori a quelli minimi richiesti dai capitolati d'appalto.

L'aggiunta del C&D risulta avere anche un secondo effetto positivo, ovvero quello di aumentare la velocità di incremento della resistenza meccanica nelle brevi stagionature, in particolare nel periodo compreso tra i 3 e i 7 giorni, rispetto ad una miscela contenente solo sabbie di fonderia.

I risultati ottenuti, in linea generale, possono essere considerati discretamente buoni, soprattutto alla luce del fatto che i capitolati d'appalto considerano miscele di aggregati lapidei di primo impiego, con composizione granulometrica differente da quella utilizzata nelle nostre sperimentazioni.

Pertanto, visti i risultati decisamente incoraggianti e probabilmente migliorabili, appare opportuno proseguire la sperimentazione su questo tipo di materiali non tradizionali. In particolare può essere interessante studiare l'effetto che può avere la distribuzione granulometrica sulle prestazioni meccaniche della miscela cementizia.

9. Appendice

9.1 Risultati delle prove di compressione e trazione indiretta su sabbie di fonderia + C&D

In questa appendice si riportano, a titolo esaustivo, i risultati completi delle prove di compressione e trazione indiretta dei provini compattati con la procedura Proctor Modificata

- Indicazione del materiale: sabbie di fonderia + C&D + 2% cemento 32,5 Rck + 9,7% acqua

PROVA DI ROTTURA A COMPRESSIONE A 3 gg
(EN 13286-41/2006)

Provino n°	Dimensioni [mm]		Sezione [mm²]	Massa [g]	Forza max [N]	Forza di compressione unitaria [MPa]
	d	h				
1	152	124	18146	4326	24518.9	1.35
2	152	124	18146	4412	24270.5	1.34
3	152	124	18146	4270	24323.4	1.34
4	152	124	18146	4264	22400.3	1.23
					Media	1.31

PROVA DI TRAZIONE INDIRETTA A 3 gg
(EN 13286-42/2006)

Provino n°	Dimensioni [mm]		Sezione [mm²]	Massa [g]	Forza max [N]	Forza di trazione indiretta unitaria [MPa]
	d	h				
1	152	124	18146	4122	3904.2	0.13
2	152	124	18146	4187	3920.5	0.13
3	152	124	18146	4208	4372.9	0.15
4	152	124	18146	4311	3629.5	0.12
					Media	0.13

- Indicazione del materiale: sabbie di fonderia + C&D + 2% cemento 32,5 Rck + 9,7% acqua

PROVA DI ROTTURA A COMPRESSIONE A 7 gg
(EN 13286-41/2006)

Provino n°	Dimensioni [mm]		Sezione [mm^2]	Massa [g]	Forza max [N]	Forza di compressione unitaria [MPa]
	d	h				
1	152	124	18146	4681	34867.2	1.92
2	152	124	18146	4751	34373.4	1.90
3	152	124	18146	4432	34667.5	1.91
4	152	124	18146	4510	34787.0	1.92
					Media	1.91

PROVA DI TRAZIONE INDIRETTA 7 gg
(EN 13286-42/2006)

Provino n°	Dimensioni [mm]		Sezione [mm^2]	Massa [g]	Forza max [N]	Forza di trazione indiretta unitaria [MPa]
	d	h				
1	152	124	18146	4649	5662.2	0.19
2	152	124	18146	4608	5698.7	0.19
3	152	124	18146	4187	5626.3	0.19
4	152	124	18146	4379	5428.2	0.18
					Media	0.19

- Indicazione del materiale: sabbie di fonderia + C&D + 2% cemento 32,5 Rck + 9,7% acqua

PROVA DI ROTTURA A COMPRESSIONE A 28 gg
(EN 13286-41/2006)

Provino n°	Dimensioni [mm]		Sezione [mm²]	Massa [g]	Forza max [N]	Forza di compressione unitaria [MPa]
	d	h				
1	152	124	18146	4436	37770.5	2.08
2	152	124	18146	4279	38192.3	2.10
3	152	124	18146	4310	37844.7	2.09
4	152	124	18146	4268	37175.7	2.05
					Media	2.08

PROVA DI TRAZIONE INDIRETTA 28 gg
(EN 13286-42/2006)

Provino n°	Dimensioni [mm]		Sezione [mm²]	Massa [g]	Forza max [N]	Forza di trazione indiretta unitaria [MPa]
	d	h				
1	152	124	18146	4421	5845.0	0.20
2	152	124	18146	4458	5890.6	0.20
3	152	124	18146	4265	6551.3	0.22
4	152	124	18146	4268	6359.1	0.21
					Media	0.21

- Indicazione del materiale: sabbie di fonderia + C&D + 2% cemento 32,5 Rck + 9,7% acqua

PROVA DI ROTTURA A COMPRESSIONE A 90 gg
(EN 13286-41/2006)

Provino n°	Dimensioni [mm]		Sezione [mm²]	Massa [g]	Forza max [N]	Forza di compressione unitaria [MPa]
	d	h				
1	152	124	18146	4327	43582.3	2.40
2	152	124	18146	4361	43345.2	2.39
3	152	124	18146	4385	43746.1	2.41
4	152	124	18146	4274	43964.2	2.42
					Media	2.41

PROVA DI TRAZIONE INDIRETTA 90 gg
(EN 13286-42/2006)

Provino n°	Dimensioni [mm]		Sezione [mm²]	Massa [g]	Forza max [N]	Forza di trazione indiretta unitaria [MPa]
	d	h				
1	152	124	18146	4317	7455.0	0.25
2	152	124	18146	4290	7476.5	0.25
3	152	124	18146	4282	7039.8	0.24
4	152	124	18146	4167	7542.6	0.25
					Media	0.25

- **Indicazione del materiale: sabbie di fonderia + C&D + 3% cemento 32,5 Rck + 9,7% acqua**

PROVA DI ROTTURA A COMPRESSIONE A 3 gg
(EN 13286-41/2006)

Provino n°	Dimensioni [mm]		Sezione [mm²]	Massa [g]	Forza max [N]	Forza di compressione unitaria [MPa]
	d	h				
1	152	124	18146	4225	23184.5	1.28
2	152	124	18146	4318	23493.6	1.29
3	152	124	18146	4420	23271.8	1.28
4	152	124	18146	4265	24719.9	1.36
					Media	**1.30**

PROVA DI TRAZIONE INDIRETTA A 3 gg
(EN 13286-42/2006)

Provino n°	Dimensioni [mm]		Sezione [mm²]	Massa [g]	Forza max [N]	Forza di trazione indiretta unitaria [MPa]
	d	h				
1	152	124	18146	4310	3688.7	0.12
2	152	124	18146	4266	4187.2	0.14
3	152	124	18146	4480	3226.2	0.11
4	152	124	18146	4132	2583.0	0.14
					Media	**0.13**

- Indicazione del materiale: sabbie di fonderia + C&D + 3% cemento 32,5 Rck + 9,7% acqua

PROVA DI ROTTURA A COMPRESSIONE A 7 gg
(EN 13286-41/2006)

Provino n°	Dimensioni [mm]		Sezione [mm²]	Massa [g]	Forza max [N]	Forza di compressione unitaria [MPa]
	d	h				
1	152	124	18146	4325	35600.0	1.96
2	152	124	18146	4356	35345.7	1.95
3	152	124	18146	4232	35352.2	1.95
4	152	124	18146	4351	35756.3	1.97
					Media	1.96

PROVA DI TRAZIONE INDIRETTA 7 gg
(EN 13286-42/2006)

Provino n°	Dimensioni [mm]		Sezione [mm²]	Massa [g]	Forza max [N]	Forza di trazione indiretta unitaria [MPa]
	d	h				
1	152	124	18146	4278	6169.4	0.21
2	152	124	18146	4311	6300.3	0.21
3	152	124	18146	4410	6273.6	0.21
4	152	124	18146	4279	6119.2	0.21
					Media	0.21

- Indicazione del materiale: sabbie di fonderia + C&D + 3% cemento 32,5 Rck + 9,7% acqua

PROVA DI ROTTURA A COMPRESSIONE A 28 gg
(EN 13286-41/2006)

Provino n°	Dimensioni [mm]		Sezione [mm²]	Massa [g]	Forza max [N]	Forza di compressione unitaria [MPa]
	d	h				
1	152	124	18146	4365	38267.3	2.10
2	152	124	18146	4388	38659.8	2.13
3	152	124	18146	4217	38692.3	2.13
4	152	124	18146	4410	38590.0	2.13
					Media	2.12

PROVA DI TRAZIONE INDIRETTA 28 gg
(EN 13286-42/2006)

Provino n°	Dimensioni [mm]		Sezione [mm²]	Massa [g]	Forza max [N]	Forza di trazione indiretta unitaria [MPa]
	d	h				
1	152	124	18146	4422	6843.8	0.23
2	152	124	18146	4180	6280.2	0.21
3	152	124	18146	4168	6342.3	0.21
4	152	124	18146	4233	6440.4	0.22
					Media	0.22

- Indicazione del materiale: sabbie di fonderia + C&D + 3% cemento 32,5 Rck + 9,7% acqua

PROVA DI ROTTURA A COMPRESSIONE A 90 gg
(EN 13286-41/2006)

Provino n°	Dimensioni [mm]		Sezione [mm²]	Massa [g]	Forza max [N]	Forza di compressione unitaria [MPa]
	d	h				
1	152	124	18146	4213	45570.0	2.51
2	152	124	18146	4267	45360.3	2.50
3	152	124	18146	4249	45079.8	2.48
4	152	124	18146	4290	45341.4	2.50
					Media	2.50

PROVA DI TRAZIONE INDIRETTA 90 gg
(EN 13286-42/2006)

Provino n°	Dimensioni [mm]		Sezione [mm²]	Massa [g]	Forza max [N]	Forza di trazione indiretta unitaria [MPa]
	d	h				
1	152	124	18146	4377	8049.2	0.27
2	152	124	18146	4491	8016.9	0.27
3	152	124	18146	4360	8363.3	0.28
4	152	124	18146	4108	7908.3	0.27
					Media	0.27

- Indicazione del materiale: sabbie di fonderia + C&D + 4% cemento 32,5 Rck + 9,7% acqua

PROVA DI ROTTURA A COMPRESSIONE A 3 gg
(EN 13286-41/2006)

Provino n°	Dimensioni [mm]		Sezione [mm^2]	Massa [g]	Forza max [N]	Forza di compressione unitaria [MPa]
	d	h				
1	152	124	18146	4421	27176.3	1.50
2	152	124	18146	4377	26335.1	1.45
3	152	124	18146	4380	25424.0	1.40
4	152	124	18146	4392	25202.4	1.39
					Media	1.44

PROVA DI TRAZIONE INDIRETTA A 3 gg
(EN 13286-42/2006)

Provino n°	Dimensioni [mm]		Sezione [mm^2]	Massa [g]	Forza max [N]	Forza di trazione indiretta unitaria [MPa]
	d	h				
1	152	124	18146	4319	4476.5	0.15
2	152	124	18146	4268	4370.6	0.15
3	152	124	18146	4281	4183.1	0.14
4	152	124	18146	4370	3548.1	0.12
					Media	0.14

- **Indicazione del materiale: sabbie di fonderia + C&D + 4% cemento 32,5 Rck + 9,7% acqua**

PROVA DI ROTTURA A COMPRESSIONE A 7 gg
(EN 13286-41/2006)

Provino n°	Dimensioni [mm]		Sezione [mm²]	Massa [g]	Forza max [N]	Forza di compressione unitaria [MPa]
	d	h				
1	152	124	18146	4235	38541.3	2.12
2	152	124	18146	4193	38628.6	2.13
3	152	124	18146	4279	38520.0	2.12
4	152	124	18146	4230	38629.4	2.13
					Media	**2.13**

PROVA DI TRAZIONE INDIRETTA 7 gg
(EN 13286-42/2006)

Provino n°	Dimensioni [mm]		Sezione [mm²]	Massa [g]	Forza max [N]	Forza di trazione indiretta unitaria [MPa]
	d	h				
1	152	124	18146	4270	6031.0	0.20
2	152	124	18146	4165	6112.6	0.21
3	152	124	18146	4190	6686.4	0.23
4	152	124	18146	4166	6823.5	0.23
					Media	**0.22**

- Indicazione del materiale: sabbie di fonderia + C&D + 4% cemento 32,5 Rck + 9,7% acqua

PROVA DI ROTTURA A COMPRESSIONE A 28 gg
(EN 13286-41/2006)

Provino n°	Dimensioni [mm]		Sezione [mm²]	Massa [g]	Forza max [N]	Forza di compressione unitaria [MPa]
	d	h				
1	152	124	18146	4431	40125.8	2.21
2	152	124	18146	4370	39693.5	2.18
3	152	124	18146	4388	39710.7	2.19
4	152	124	18146	4365	39984.6	2.20
					Media	2.20

PROVA DI TRAZIONE INDIRETTA 28 gg
(EN 13286-42/2006)

Provino n°	Dimensioni [mm]		Sezione [mm²]	Massa [g]	Forza max [N]	Forza di trazione indiretta unitaria [MPa]
	d	h				
1	152	124	18146	4295	7774.4	0.26
2	152	124	18146	4217	7918.6	0.27
3	152	124	18146	4365	7595.4	0.26
4	152	124	18146	4370	8011.5	0.27
					Media	0.27

- Indicazione del materiale: sabbie di fonderia + C&D + 4% cemento 32,5 Rck + 9,7% acqua

PROVA DI ROTTURA A COMPRESSIONE A 90 gg
(EN 13286-41/2006)

Provino n°	Dimensioni [mm]		Sezione [mm²]	Massa [g]	Forza max [N]	Forza di compressione unitaria [MPa]
	d	h				
1	152	124	18146	4217	48173.7	2.65
2	152	124	18146	4232	48185.4	2.66
3	152	124	18146	4369	48426.0	2.67
4	152	124	18146	4285	48484.4	2.67
					Media	2.66

PROVA DI TRAZIONE INDIRETTA 90 gg
(EN 13286-42/2006)

Provino n°	Dimensioni [mm]		Sezione [mm²]	Massa [g]	Forza max [N]	Forza di trazione indiretta unitaria [MPa]
	d	h				
1	152	124	18146	4390	8628.2	0.29
2	152	124	18146	4265	8348.4	0.28
3	152	124	18146	4377	8725.7	0.29
4	152	124	18146	4328	8484.7	0.29
					Media	0.29

- **Indicazione del materiale: sabbie di fonderia + C&D + 5% cemento 32,5 Rck + 9,7% acqua**

PROVA DI ROTTURA A COMPRESSIONE A 3 gg
(EN 13286-41/2006)

Provino n°	Dimensioni [mm]		Sezione [mm²]	Massa [g]	Forza max [N]	Forza di compressione unitaria [MPa]
	d	h				
1	152	124	18146	4367	26726.3	1.47
2	152	124	18146	4218	27777.0	1.53
3	152	124	18146	4288	27172.8	1.50
4	152	124	18146	4200	26648.7	1.47
					Media	**1.49**

PROVA DI TRAZIONE INDIRETTA A 3 gg
(EN 13286-42/2006)

Provino n°	Dimensioni [mm]		Sezione [mm²]	Massa [g]	Forza max [N]	Forza di trazione indiretta unitaria [MPa]
	d	h				
1	152	124	18146	4210	4227.4	0.14
2	152	124	18146	4279	3169.3	0.11
3	152	124	18146	4305	3398.3	0.11
4	152	124	18146	4366	4478.0	0.15
					Media	**0.13**

- Indicazione del materiale: sabbie di fonderia + C&D + 5% cemento 32,5 Rck + 9,7% acqua

PROVA DI ROTTURA A COMPRESSIONE A 7 gg
(EN 13286-41/2006)

Provino n°	Dimensioni [mm]		Sezione [mm²]	Massa [g]	Forza max [N]	Forza di compressione unitaria [MPa]
	d	h				
1	152	124	18146	4708	44411.5	2.45
2	152	124	18146	4609	44658.7	2.46
3	152	124	18146	4376	44399.4	2.45
4	152	124	18146	4412	43599.4	2.40
					Media	2.44

PROVA DI TRAZIONE INDIRETTA 7 gg
(EN 13286-42/2006)

Provino n°	Dimensioni [mm]		Sezione [mm²]	Massa [g]	Forza max [N]	Forza di trazione indiretta unitaria [MPa]
	d	h				
1	152	124	18146	4562	6889.6	0.23
2	152	124	18146	4715	7271.1	0.25
3	152	124	18146	4180	6974.6	0.24
4	152	124	18146	4373	7190.3	0.24
					Media	0.24

- Indicazione del materiale: sabbie di fonderia + C&D + 5% cemento 32,5 Rck + 9,7% acqua

PROVA DI ROTTURA A COMPRESSIONE A 28 gg
(EN 13286-41/2006)

Provino n°	Dimensioni [mm]		Sezione [mm²]	Massa [g]	Forza max [N]	Forza di compressione unitaria [MPa]
	d	h				
1	152	124	18146	4361	46529.4	2.56
2	152	124	18146	4469	46769.8	2.58
3	152	124	18146	4219	46921.6	2.59
4	152	124	18146	4370	46794.2	2.58
					Media	2.58

PROVA DI TRAZIONE INDIRETTA 28 gg
(EN 13286-42/2006)

Provino n°	Dimensioni [mm]		Sezione [mm²]	Massa [g]	Forza max [N]	Forza di trazione indiretta unitaria [MPa]
	d	h				
1	152	124	18146	4367	8805.4	0.30
2	152	124	18146	4390	9221.9	0.31
3	152	124	18146	4107	8896.2	0.30
4	152	124	18146	4275	8748.1	0.30
					Media	0.30

- Indicazione del materiale: sabbie di fonderia + C&D + 5% cemento 32,5 Rck + 9,7% acqua

PROVA DI ROTTURA A COMPRESSIONE A 90 gg
(EN 3286-41/2006)

Provino n°	Dimensioni [mm]		Sezione [mm^2]	Massa [g]	Forza max [N]	Forza di compressione unitaria [MPa]
	d	h				
1	152	124	18146	4538	50943.3	2.81
2	152	124	18146	4219	51013.4	2.81
3	152	124	18146	4628	51040.0	2.81
4	152	124	18146	4337	50930.4	2.81
					Media	2.81

PROVA DI TRAZIONE INDIRETTA 90 gg
(EN 13286-42/2006)

Provino n°	Dimensioni [mm]		Sezione [mm^2]	Massa [g]	Forza max [N]	Forza di trazione indiretta unitaria [MPa]
	d	h				
1	152	124	18146	4360	9822.1	0.33
2	152	124	18146	4281	10019.3	0.34
3	152	124	18146	4317	10461.2	0.35
4	152	124	18146	4385	10039.8	0.34
					Media	0.34

9.2   Valutazione moduli elastici per sabbie di fonderia + C&D

In questa appendice si riportano, a titolo esaustivo, i risultati completi delle prove di modulo elastico secante a compressione dei provini compattati con la procedura manuale.

- Indicazione del materiale: sabbie di fonderia + C&D + 9,7% acqua + 2% cemento 32,5 Rck

PROVA DI ROTTURA A COMPRESSIONE A 3 gg
(EN 13286-41/2006)

Provino n°	Dimensioni [mm]		Sezione [mm²]	Massa [g]	Forza max [N]	Forza di compressione unitaria [MPa]
	d	h				
1	150	300	17662	9637	5312.4	0.30
2	150	300	17662	9587	5076.1	0.28
					Media	0.29

DETERMINAZIONE MODULO ELASTICO SECANTE A 3 gg
(UNI 6556)

Provino n°	Dimensioni [mm]		Sezione [mm²]	Massa [g]	Modulo elastico [MPa]		
	d	h			1°	2°	3°
3	150	300	17662	9521	250	297	325
4	150	300	17662	9676	481	461	465
				Media	366	379	395

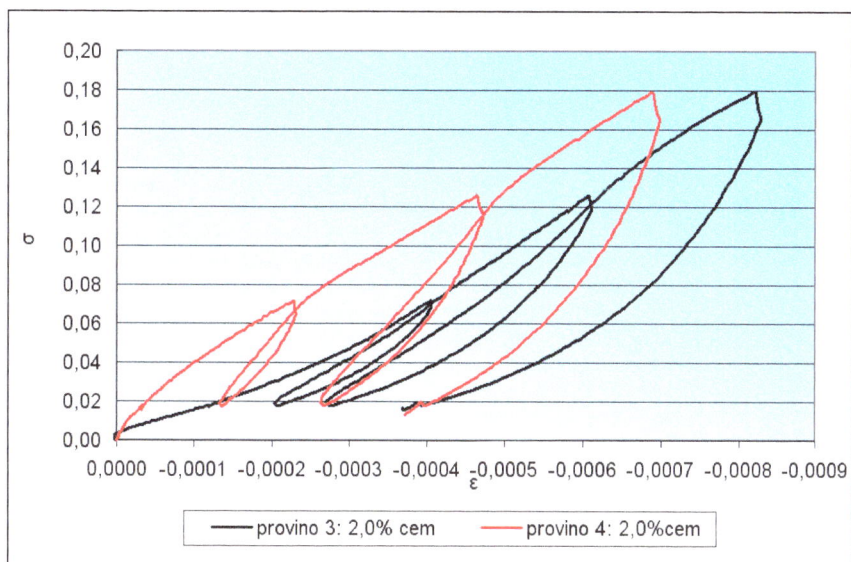

Diagramma dei due campioni a 3 gg

- Indicazione del materiale: sabbie di fonderia + C&D + 9,7% acqua + 2% cemento 32,5 Rck

PROVA DI ROTTURA A COMPRESSIONE A 7 gg
(EN 13286-41/2006)

Provino n°	Dimensioni [mm]		Sezione [mm^2]	Massa [g]	Forza max [N]	Forza di compressione unitaria [MPa]
	d	h				
1	150	300	17662	10400	8654.8	0.49
2	150	300	17662	9626	9602.5	0.54
					Media	**0.52**

DETERMINAZIONE MODULO ELASTICO SECANTE A 7 gg
(UNI 6556)

Provino n°	Dimensioni [mm]		Sezione [mm^2]	Massa [g]	Modulo elastico [MPa]		
	d	h			1°	2°	3°
3	150	300	17662	9502	697	680	718
4	150	300	17662	9593	939	886	792
				Media	**818**	**783**	**755**

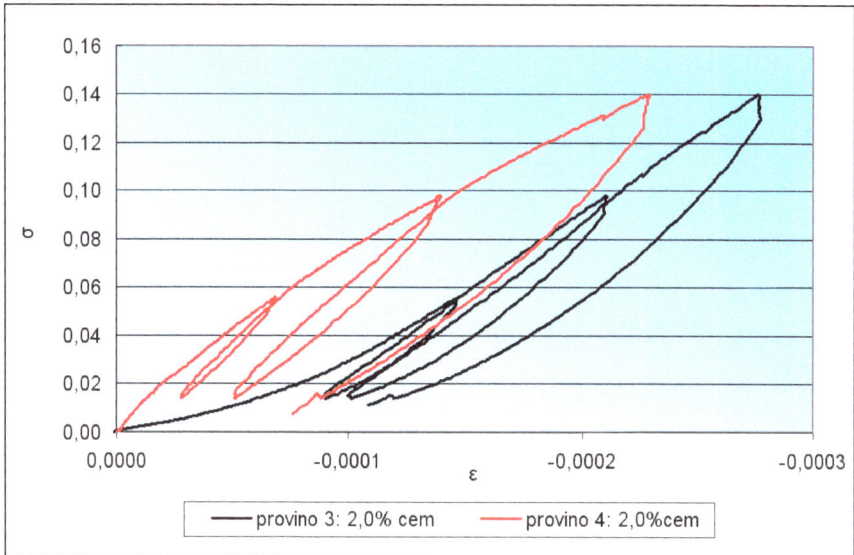

Diagramma dei due campioni a 7 gg

- Indicazione del materiale: sabbie di fonderia + C&D + 9,7% acqua + 2% cemento 32,5 Rck

PROVA DI ROTTURA A COMPRESSIONE A 28 gg
(EN 13286-41/2006)

Provino n°	Dimensioni [mm]		Sezione [mm²]	Massa [g]	Forza max [N]	Forza di compressione unitaria [MPa]
	d	h				
1	150	300	17662	9637	10140.1	0.57
2	150	300	17662	9616	11282.5	0.64
					Media	**0.60**

DETERMINAZIONE MODULO ELASTICO SECANTE A 28 gg
(UNI 6556)

Provino n°	Dimensioni [mm]		Sezione [mm²]	Massa [g]	Modulo elastico [MPa]		
	d	h			1°	2°	3°
3	150	300	17662	9642	651	676	708
4	150	300	17662	9735	1177	1020	917
				Media	**914**	**848**	**813**

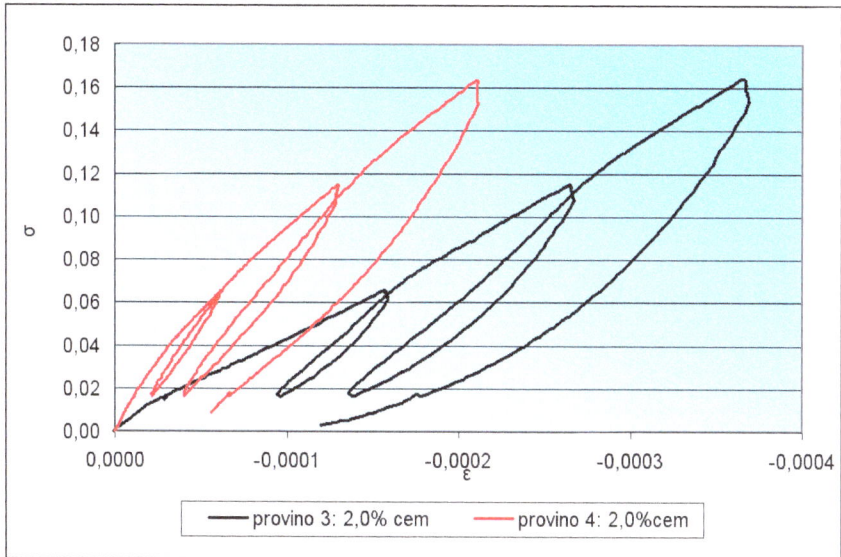

Diagramma dei due campioni a 28 gg

- Indicazione del materiale: sabbie di fonderia + C&D + 9,7% acqua + 2% cemento 32,5 Rck

PROVA DI ROTTURA A COMPRESSIONE A 90 gg
(EN 13286-41/2006)

Provino n°	Dimensioni [mm]		Sezione [mm^2]	Massa [g]	Forza max [N]	Forza di compressione unitaria [MPa]
	d	h				
1	150	300	17662	9865	11325.6	0.64
2	150	300	17662	9712	11170.6	0.63
					Media	0.64

DETERMINAZIONE MODULO ELASTICO SECANTE A 90 gg
(UNI 6556)

Provino n°	Dimensioni [mm]		Sezione [mm^2]	Massa [g]	Modulo elastico [MPa]		
	d	h			1°	2°	3°
3	150	300	17662	9688	991	869	789
4	150	300	17662	9760	768	770	772
				Media	880	820	781

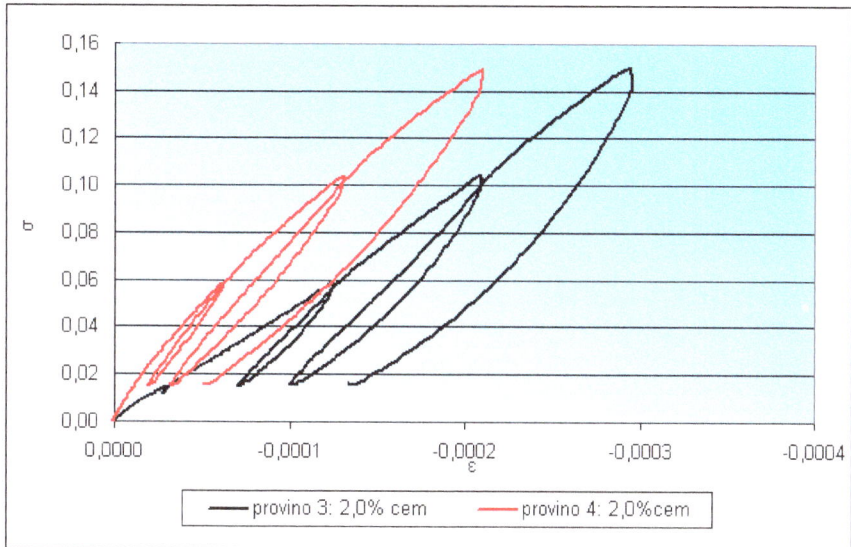

Diagramma dei due campioni a 90 gg

- Indicazione del materiale: sabbie di fonderia + C&D + 9,7% acqua + 3% cemento 32,5 Rck

PROVA DI ROTTURA A COMPRESSIONE A 3 gg
(EN 13286-41/2006)

Provino n°	Dimensioni [mm]		Sezione [mm^2]	Massa [g]	Forza max [N]	Forza di compressione unitaria [MPa]
	d	h				
1	150	300	17662	9742	4987.8	0.28
2	150	300	17662	9713	5342.4	0.30
					Media	0.29

DETERMINAZIONE MODULO ELASTICO SECANTE A 3 gg
(UNI 6556)

Provino n°	Dimensioni [mm]		Sezione [mm^2]	Massa [g]	Modulo elastico [MPa]		
	d	h			1°	2°	3°
3	150	300	17662	9648	447	508	486
4	150	300	17662	9755	1095	1018	919
				Media	771	763	703

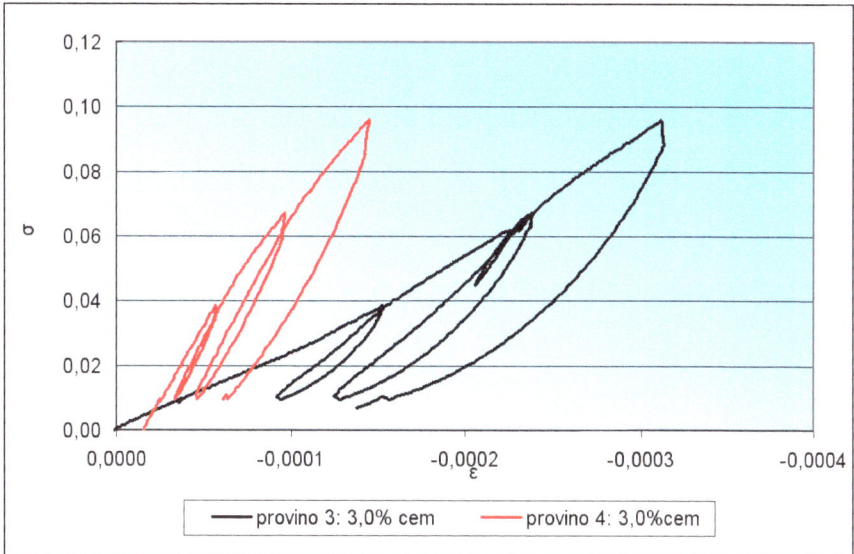

Diagramma dei due campioni a 3 gg

- Indicazione del materiale: sabbie di fonderia + C&D + 9,7% acqua + 3% cemento 32,5 Rck

PROVA DI ROTTURA A COMPRESSIONE A 7 gg
(EN 13286-41/2006)

Provino n°	Dimensioni [mm] d	h	Sezione [mm^2]	Massa [g]	Forza max [N]	Forza di compressione unitaria [MPa]
1	150	300	17662	10012	9081.8	0.51
2	150	300	17662	9921	9365.1	0.53
					Media	**0.52**

DETERMINAZIONE MODULO ELASTICO SECANTE A 7 gg
(UNI 6556)

Provino n°	Dimensioni [mm] d	h	Sezione [mm^2]	Massa [g]	Modulo elastico [MPa] 1°	2°	3°
3	150	300	17662	10148	900	744	709
4	150	300	17662	10093	846	716	684
				Media	**873**	**730**	**697**

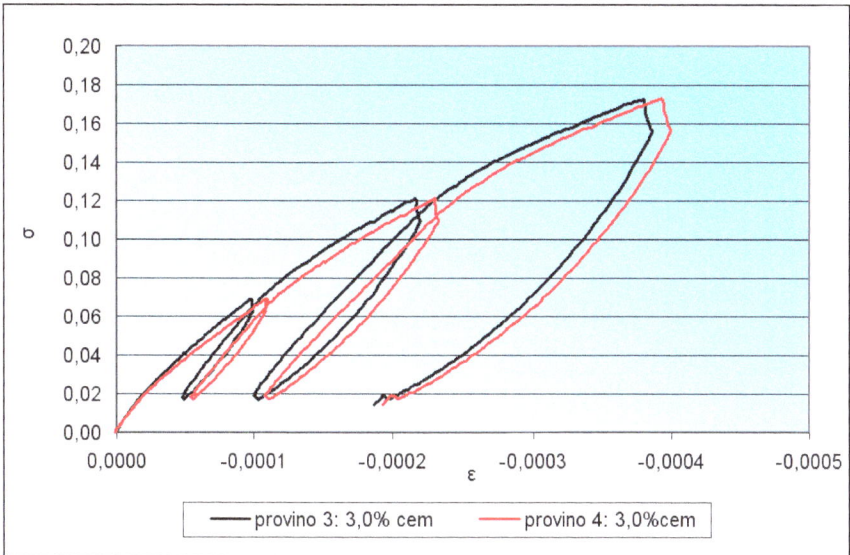

Diagramma dei due campioni a 7 gg

- Indicazione del materiale: sabbie di fonderia + C&D + 9,7% acqua + 3% cemento 32,5 Rck

PROVA DI ROTTURA A COMPRESSIONE A 28 gg
(EN 13286-41/2006)

Provino n°	Dimensioni [mm]		Sezione [mm²]	Massa [g]	Forza max [N]	Forza di compressione unitaria [MPa]
	d	h				
1	150	300	17662	10380	10438.2	0.59
2	150	300	17662	10126	11129.7	0.63
					Media	**0.61**

DETERMINAZIONE MODULO ELASTICO SECANTE A 28 gg
(UNI 6556)

Provino n°	Dimensioni [mm]		Sezione [mm²]	Massa [g]	Modulo elastico [MPa]		
	d	h			1°	2°	3°
3	150	300	17662	10313	872	717	667
4	150	300	17662	10273	1048	844	801
				Media	**960**	**781**	**734**

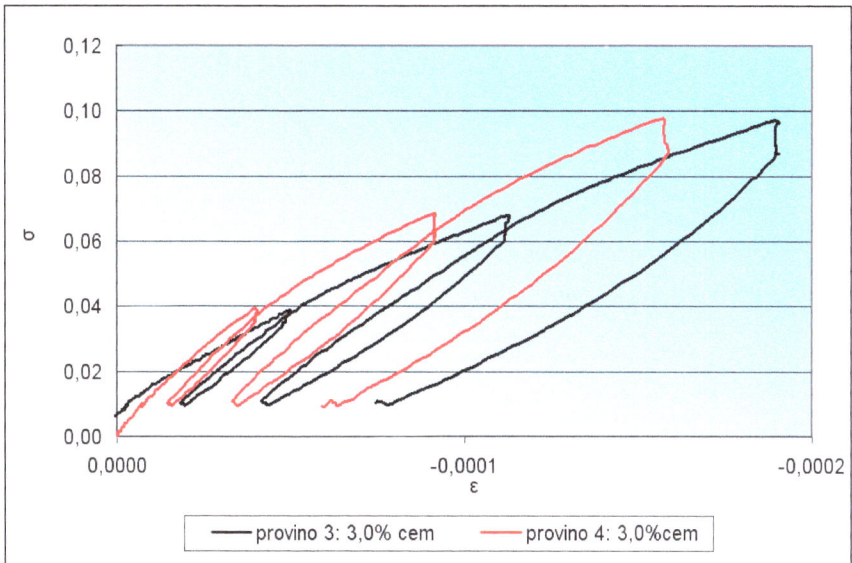

Diagramma dei due campioni a 28 gg

- Indicazione del materiale: sabbie di fonderia + C&D + 9,7% acqua + 3% cemento 32,5 Rck

PROVA DI ROTTURA A COMPRESSIONE A 90 gg
(EN 13286-41/2006)

Provino n°	Dimensioni [mm]		Sezione [mm²]	Massa [g]	Forza max [N]	Forza di compressione unitaria [MPa]
	d	h				
1	150	300	17662	9643	11458.1	0.65
2	150	300	17662	9680	11841.8	0.67
					Media	0.66

DETERMINAZIONE MODULO ELASTICO SECANTE A 90 gg
(UNI 6556)

Provino n°	Dimensioni [mm]		Sezione [mm²]	Massa [g]	Modulo elastico [MPa]		
	d	h			1°	2°	3°
3	150	300	17662	9737	1077	1211	1339
4	150	300	17662	9639	1303	1299	1206
				Media	1190	1255	1273

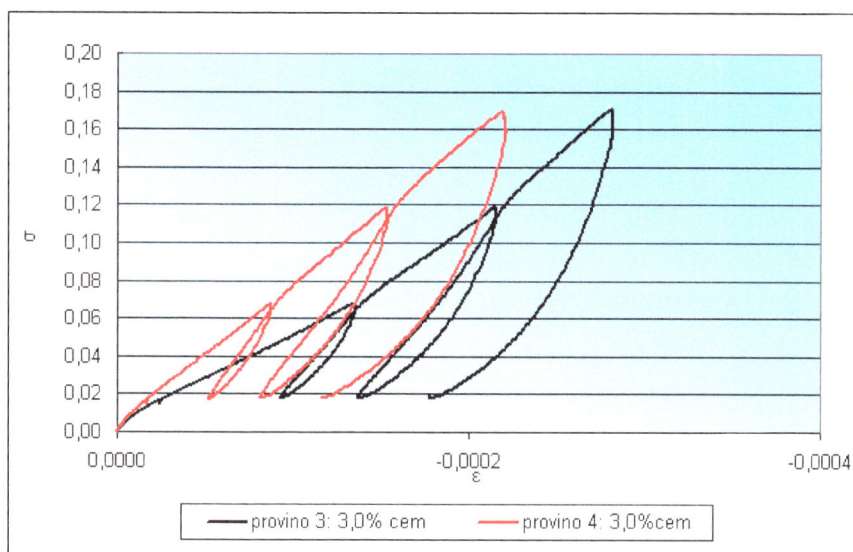

Diagramma dei due campioni a 90 gg

- Indicazione del materiale: sabbie di fonderia + C&D + 9,7% acqua + 4% cemento 32,5 Rck

PROVA DI ROTTURA A COMPRESSIONE A 3 gg
(EN 13286-41/2006)

Provino n°	Dimensioni [mm]		Sezione [mm²]	Massa [g]	Forza max [N]	Forza di compressione unitaria [MPa]
	d	h				
1	150	300	17662	9465	5457.0	0.30
2	150	300	17662	9551	5288.2	0.29
					Media	0.30

DETERMINAZIONE MODULO ELASTICO SECANTE A 3 gg
(UNI 6556)

Provino n°	Dimensioni [mm]		Sezione [mm²]	Massa [g]	Modulo elastico [MPa]		
	d	h			1°	2°	3°
3	150	300	17662	9907	843	733	772
4	150	300	17662	9864	1166	1021	943
				Media	1005	877	858

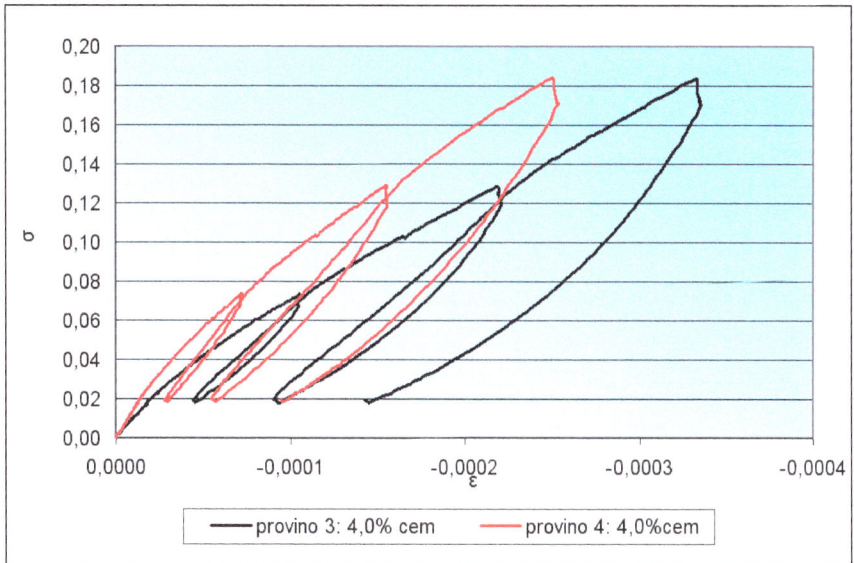

Diagramma dei due campioni a 3 gg

- Indicazione del materiale: sabbie di fonderia + C&D + 9,7% acqua + 4% cemento 32,5 Rck

PROVA DI ROTTURA A COMPRESSIONE A 7 gg
(EN 13286-41/2006)

Provino n°	Dimensioni [mm]		Sezione [mm²]	Massa [g]	Forza max [N]	Forza di compressione unitaria [MPa]
	d	h				
1	150	300	17662	9645	9261.9	0.52
2	150	300	17662	9488	9542.8	0.54
					Media	0.53

DETERMINAZIONE MODULO ELASTICO SECANTE A 7 gg
(UNI 6556)

Provino n°	Dimensioni [mm]		Sezione [mm²]	Massa [g]	Modulo elastico [MPa]		
	d	h			1°	2°	3°
3	150	300	17662	9813	1113	1070	1050
4	150	300	17662	9633	1686	1433	1231
				Media	1400	1251	1141

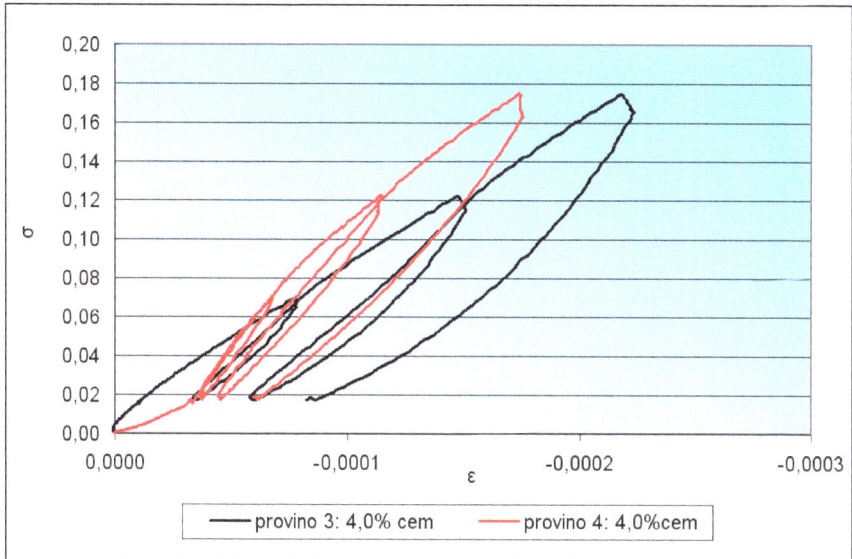

Diagramma dei due campioni a 7 gg

- Indicazione del materiale: sabbie di fonderia + C&D + 9,7% acqua + 4% cemento 32,5 Rck

PROVA DI ROTTURA A COMPRESSIONE A 28 gg
(EN 13286-41/2006)

Provino n°	Dimensioni [mm]		Sezione [mm²]	Massa [g]	Forza max [N]	Forza di compressione unitaria [MPa]
	d	h				
1	150	300	17662	9800	12072	0.68
2	150	300	17662	9875	11990	0.68
					Media	0.68

DETERMINAZIONE MODULO ELASTICO SECANTE A 28 gg
(UNI 6556)

Provino n°	Dimensioni [mm]		Sezione [mm²]	Massa [g]	Modulo elastico [MPa]		
	d	h			1°	2°	3°
3	150	300	17662	9824	1917	1774	1567
4	150	300	17662	9931	1381	1176	1109
				Media	1649	1475	1338

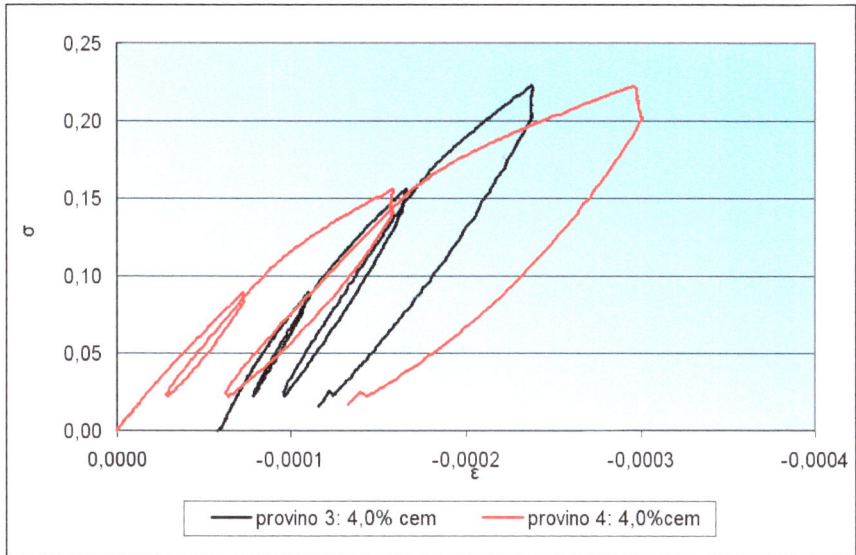

Diagramma dei due campioni a 28 gg

- Indicazione del materiale: sabbie di fonderia +
  C&D + 9,7% acqua + 4% cemento 32,5 Rck

PROVA DI ROTTURA A COMPRESSIONE A 90 gg
(EN 13286-41/2006)

Provino n°	Dimensioni [mm]		Sezione [mm²]	Massa [g]	Forza max [N]	Forza di compressione unitaria [MPa]
	d	h				
1	150	300	17662	9578	12391.2	0.70
2	150	300	17662	9734	12441.1	0.70
					Media	0.70

DETERMINAZIONE MODULO ELASTICO SECANTE A 90 gg
(UNI 6556)

Provino n°	Dimensioni [mm]		Sezione [mm²]	Massa [g]	Modulo elastico [MPa]		
	d	h			1°	2°	3°
3	150	300	17662	9560	1601	1528	1534
4	150	300	17662	9677	1760	1538	1416
				Media	1681	1533	1475

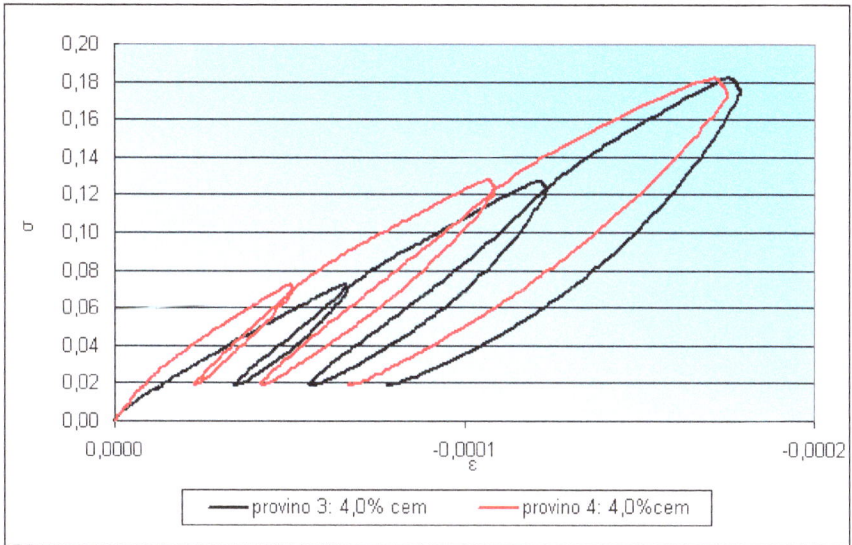

Diagramma dei due campioni a 90 gg

- **Indicazione del materiale: sabbie di fonderia + C&D + 9,7% acqua + 5% cemento 32,5 Rck**

PROVA DI ROTTURA A COMPRESSIONE A 3 gg
(EN 13286-41/2006)

Provino n°	Dimensioni [mm]		Sezione [mm²]	Massa [g]	Forza max [N]	Forza di compressione unitaria [MPa]
	d	h				
1	150	300	17662	10514	5651.8	0.32
2	150	300	17662	10210	6115.1	0.34
					Media	**0.33**

DETERMINAZIONE MODULO ELASTICO SECANTE A 3 gg
(UNI 6556)

Provino n°	Dimensioni [mm]		Sezione [mm²]	Massa [g]	Modulo elastico [MPa]		
	d	h			1°	2°	3°
3	150	300	17662	10631	1266	1147	1026
4	150	300	17662	10172	940	840	788
				Media	**1103**	**994**	**907**

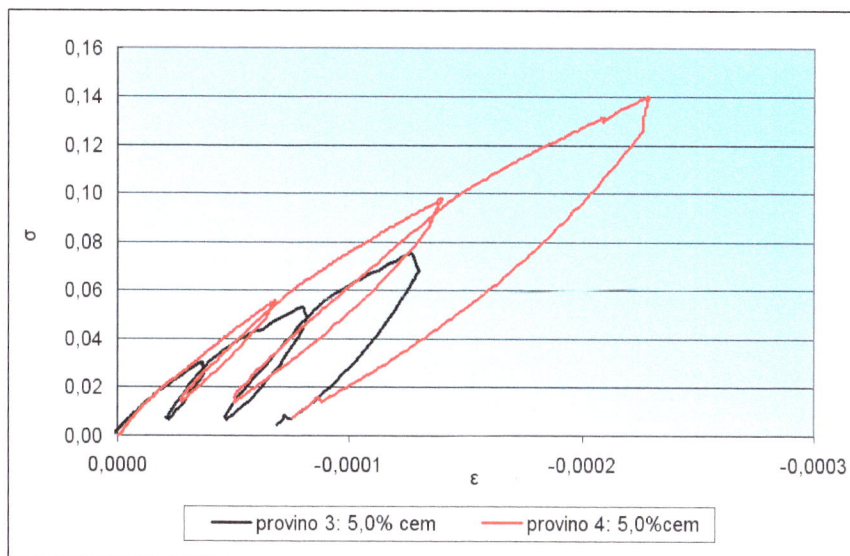

Diagramma dei due campioni a 3 gg

- Indicazione del materiale: sabbie di fonderia + C&D + 9,7% acqua + 5% cemento 32,5 Rck

PROVA DI ROTTURA A COMPRESSIONE A 7 gg
(EN 13286-41/2006)

Provino n°	Dimensioni [mm]		Sezione [mm^2]	Massa [g]	Forza max [N]	Forza di compressione unitaria [MPa]
	d	h				
1	150	300	17662	10067	10313.6	0.58
2	150	300	17662	9953	10102.7	0.57
					Media	0.57

DETERMINAZIONE MODULO ELASTICO SECANTE A 7 gg
(UNI 6556)

Provino n°	Dimensioni [mm]		Sezione [mm^2]	Massa [g]	Modulo elastico [MPa]		
	d	h			1°	2°	3°
3	150	300	17662	9907	1541	1637	1465
4	150	300	17662	9864	1414	1230	1199
				Media	1478	1434	1332

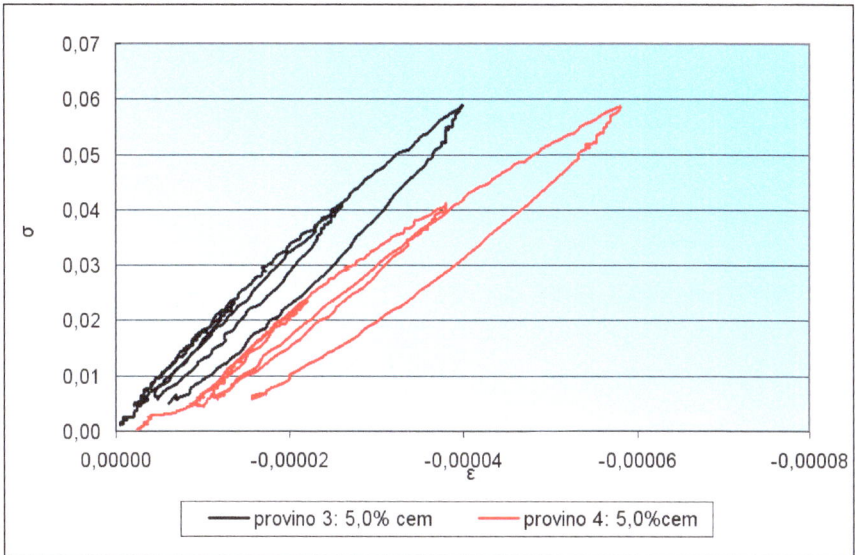

Diagramma dei due campioni a 7 gg

- Indicazione del materiale: sabbie di fonderia + C&D + 9,7% acqua + 5% cemento 32,5 Rck

PROVA DI ROTTURA A COMPRESSIONE A 28 gg
(EN 13286-41/2006)

Provino n°	Dimensioni [mm]		Sezione [mm²]	Massa [g]	Forza max [N]	Forza di compressione unitaria [MPa]
	d	h				
1	150	300	17662	9460	11877.3	0.67
2	150	300	17662	9532	12140.8	0.69
					Media	0.68

DETERMINAZIONE MODULO ELASTICO SECANTE A 28 gg
(UNI 6556)

Provino n°	Dimensioni [mm]		Sezione [mm²]	Massa [g]	Modulo elastico [MPa]		
	d	h			1°	2°	3°
3	150	300	17662	9882	1760	1518	1435
4	150	300	17662	9679	1896	1535	1405
				Media	1828	1527	1420

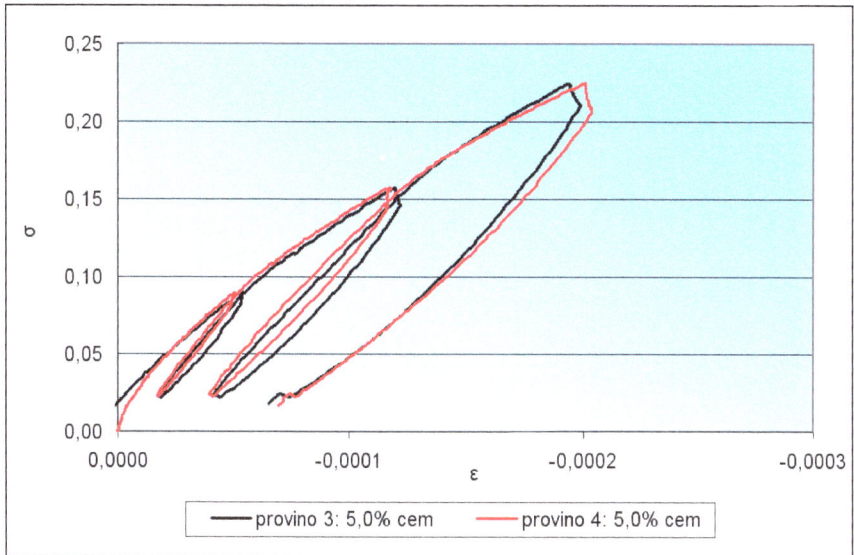

Diagramma dei due campioni a 28 gg

- Indicazione del materiale: sabbie di fonderia + C&D + 9,7% acqua + 5% cemento 32,5 Rck

PROVA DI ROTTURA A COMPRESSIONE A 90 gg (EN 13286-41/2006)

Provino n°	Dimensioni [mm]		Sezione [mm²]	Massa [g]	Forza max [N]	Forza di compressione unitaria [MPa]
	d	h				
1	150	300	17662	9784	12513.0	0.71
2	150	300	17662	9710	12438.8	0.70
					Media	0.71

DETERMINAZIONE MODULO ELASTICO SECANTE A 90 gg (UNI 6556)

Provino n°	Dimensioni [mm]		Sezione [mm²]	Massa [g]	Modulo elastico [MPa]		
	d	h			1°	2°	3°
3	150	300	17662	9722	1928	1682	1594
4	150	300	17662	9761	1957	1852	1798
				Media	1943	1767	1696

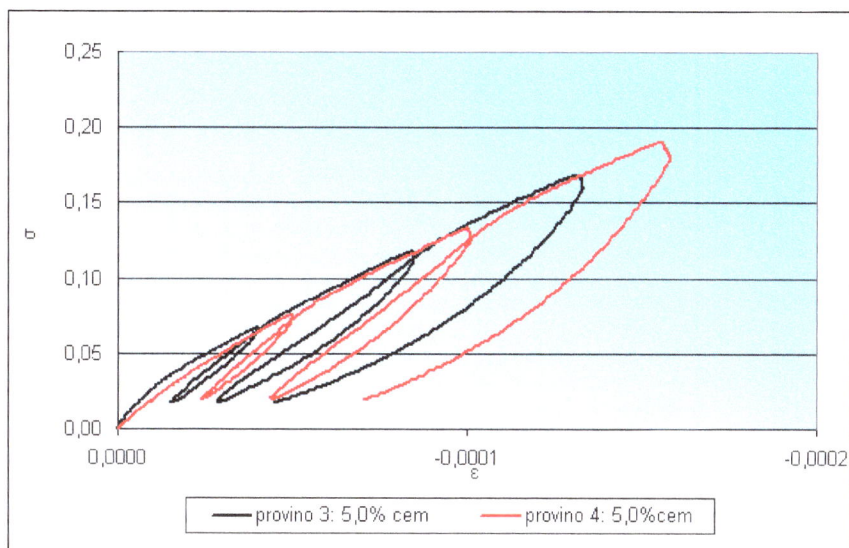

Diagramma dei due campioni a 90 gg

10. Bibliografia

- Giorgio Milazzo, *"Caratterizzazione fisico - meccanica di miscele cementizie per fondazioni stradali contenenti sabbie di fonderia e inerti da demolizione"*, tesi di laurea, Università di Padova, 2008
- Marco Pasetto, Appunti delle lezioni del corso di *Strade, Ferrovie, Aeroporti 1*, Padova, 2005
- Dina Festa *"Tecnologia dei materiali e chimica applicata. Materiali leganti e calcestruzzo"*, Edizioni Libreria Progetto, Padova, 2002
- Mario Collepardi *"Scienza e tecnologia del calcestruzzo"*, Hoepli, Milano, 1991
- Mario Collepardi *"Il nuovo calcestruzzo"*, Editore Tintoretto, Castrette Villorba(TV), 2002
- Consuelo Bolzonella *"Caratterizzazione fisica e meccanica di sabbie di fonderia per fondazioni stradali"*, tesi di laurea, Università di Padova, 2003
- Simone Crivellaro *"Utilizzo di sabbie di fonderia in misti cementati per fondazioni stradali"*, tesi di laurea, Università di Padova, 2006
- Stefano Lazzaro *"Caratterizzazione prestazionale di miscele cementizie con sabbie di fonderia e inerti da demolizione"*, tesi di laurea, Università di Padova, 2006
- Cericola Adele *"Caratterizzazione fisico-meccanica di sabbie di fonderia per fondazioni stradali"*, tesi di laurea, Università di Padova, 2007
- Ministero delle Infrastrutture e dei Trasporti *"Norme tecniche di tipo prestazionale per capitolati speciali d'appalto"*
- Antonio D'Andrea *"Materiali alternativi e riciclaggio"*, 4° Corso di Alta Formazione alla Ricerca: Pavimentazioni, materiali e metodi per le infrastrutture stradali ed aeroportuali, Olbia 2006
- Antonio D'Andrea *"Inerti di riciclo: caratteristiche, campi di impiego."*, Atti del convegno nazionale, pp 81 – 103, Palermo 4 Giugno 1999.
- Silvia Portas, Federico Fele, Francesco Annunziata *"Metodologie di recupero degli inerti di rifiuto nella*

costruzione dei solidi viari", XI Convegno S.I.I.V.,Verona, 28 - 30 novembre 2001

- Vincenzo Lanzolla *"Rifiuti inerti da costruzione e demolizione"*, Dossier di Edilportale, Ottobre 2003
- Alessandro Marradi, Fausto Lancieri, Massimo Losa, Matteo Marvogli *"Valutazione delle caratteristiche prestazionali in opera di aggregati riciclati costituenti strati di fondazione e sottofondo di pavimentazioni stradali"*, tesi di laurea, Università di Pisa, 2006
- Alessandro Marradi, Fausto Lancieri, Massimo Losa, Simone Mannucci, Simone Paglianti *"Indagine sperimentale sulle caratteristiche prestazionali di aggregati riciclati per costruzioni stradali."*, tesi di laurea, Università di Pisa, 2006
- CNR-UNI 10006/1963 *"Costruzione e manutenzione delle strade. Tecnica di impiego delle terre."*
- UNI 10006/2002 *"Costruzione e manutenzione delle strade - Tecniche di impiego delle terre"*
- UNI-EN 933-1/1999 *"Prove per determinare le caratteristiche geometriche degli aggregati – Determinazione della distribuzione granulometrica – Analisi granulometrica per setacciatura"*
- UNI-EN 933-2/1997 *"Prove per determinare le caratteristiche geometriche degli aggregati - Determinazione della distribuzione granulometrica - Stacci di controllo, dimensioni nominali delle aperture"*
- UNI-EN 13242/2004 *"Aggregati per materiali non legati e legati con leganti idraulici per l'impiego in opere di ingegneria civile e nella costruzione di strade"*
- UNI-EN 13285/2004 *"Miscele non legate – Specifiche"*
- UNI-EN ISO 14688-1/2003 *"Indagini e prove geotecniche - Identificazione e classificazione dei terreni - Identificazione e descrizione"*
- EN 13286-2/2005 *"Miscele non legate e legate con leganti idraulici – Parte 2: Metodi di prova per determinazione della massa volumica e del contenuto di acqua di riferimento di laboratorio – Costipamento Proctor"*
- EN 13286-41/2006 *"Unbound and hydraulically bound mixtures – Part 41: Test method for the determination of*

the compressive strength of hydraulically bound mixtures"

- EN 13286-42/2006 *"Unbound and hydraulically bound mixtures – Part 42: Test method for determination of the indirect tensile strength of test specimen"*
- EN 13286-47/2006 *"Unbound and hydraulically bound mixtures – Part 47: Test method for the determination of California bearing ratio, immediate bearing index and linear swelling"*
- UNI 6556/1976 *"Prove sui calcestruzzi: Determinazione del modulo elastico secante a compressione"*
- D.Lgs. 5 febbraio 1997 n. 22 *"Attuazione delle direttive 91/156/CEE sui rifiuti, 91/689/CEE sui rifiuti non pericolosi e 94/62/CE sugli imballaggi e sui rifiuti di imballaggio"*
- D.Lgs. 8 novembre 1997 n. 389 *"Modifiche ed integrazioni al decreto legislativo 5 febbraio 1997, n. 22, in materia di rifiuti, di rifiuti pericolosi, di imballaggi e di rifiuti di imballaggio"*
- L. 9 dicembre 1998 n. 426 *"Nuovi interventi in campo ambientale"*
- L. 24 aprile 1998 n. 128 *"Disposizioni generali sui procedimenti per l'adempimento degli obblighi comunitari"*, art. 21 *"Direttiva 96/61/CE del Consiglio, sulla prevenzione e riduzione dell'inquinamento"*, comma 2
- D.M. 5 febbraio 1998 n. 186 *"Individuazione dei rifiuti non pericolosi sottoposti alle procedure semplificate di recupero ai sensi degli articoli 31 e 33 del D.L. 22/97"*
- D.M. 8 maggio 2003 n. 203 *" Norma affinché gli uffici pubblici e le società a prevalente capitale pubblico coprano il fabbisogno annuale di manufatti e beni con quota di prodotti ottenuti da materiale riciclato nella misura non inferiore al 30% del fabbisogno medesimo"*
- L. 15 dicembre 2004 n. 308 *"Delega al Governo per il riordino della legislazione ambientale"*
- D.Lgs. 3 aprile 2006 n. 152 *"Norme in materia ambientale"*
- D.M. 5 aprile 2006 n. 186 *"Regolamento recante modifiche al decreto ministeriale 5 febbraio 1998"*

- D.Lgs. 8 novembre 2006 n. 284 *"Disposizioni correttive e integrative del decreto legislativo 3 aprile 2006, n. 152, recante norme in materia ambientale"*
- D.L. 28 dicembre 2006 n.300 *"Proroga di termini previsti da disposizioni legislative"*
- D.Lgs. 9 novembre 2007 n. 205 *"Attuazione della direttiva 2005/33/Ce che modifica la direttiva 1999/32/Ce in relazione al tenore di zolfo dei combustibili per uso marittimo"*
- D.Lgs. 16 gennaio 2008 n. 4 *"Ulteriori disposizioni correttive ed integrative del D.Lgs 3 aprile 2006, n. 152, recante norme in materia ambientale"*

11. Ringraziamenti

Ringrazio il Prof. Ing. Marco Pasetto, mio relatore, per la sua attenzione ed aiuto nell'intero lavoro.

Assieme a lui menzioni particolari vanno all'Ing. Nicola Baldo, all'Ing. Andrea Manganaro, al Geom. Luigi Fedon e all'Ing. Giampaolo Bortolini.

Un prezioso aiuto l'ho avuto anche da Stefano Lazzaro, mio collega e autore di una tesi sulla stessa miscela qui esaminata, con cui ho potuto condividere i risultati di questa sperimentazione.

www.ingramcontent.com/pod-product-compliance
Lightning Source LLC
Chambersburg PA
CBHW041304210326
41598CB00005B/20